LE LIVRE

DU

PROPRIÉTAIRE ET DE L'ÉLEVEUR

DE BESTIAUX.

INSTRUCTIONS PRATIQUES

SUR :

La Production, le Perfectionnement, l'Hygiène, le Gouvernement et les Maladies
des Animaux domestiques ;

PAR M. B. LAVIGNE,

Médecin-vétérinaire ; ancien collaborateur du Journal de Médecine vétérinaire
pratique ; rédacteur en chef du Zooïatre ; membre de l'Académie
de l'enseignement de Paris.

« Les États ne peuvent se soutenir et fleurir que
» par la culture des terres et l'abondance du bétail. »

(BUFFON.)

DEUXIEME PARTIE.

A PARIS,

AU COMPTOIR DES ÉDITEURS RÉUNIS, QUAI MALAQUAIS, 14.

1850.

Toulouse, imprimerie d'Aug. HÉNAULT.

DEUXIÈME PARTIE.

AVANT-PROPOS.

Dans la première partie de cet ouvrage, nous
vons exposé les principes qui doivent diriger
acheteur dans la connaissance et le choix des
nimaux domestiques.

Nous allons maintenant poser, dans cette se-
onde partie, les principes généraux de la pro-
uction de l'Elève, de l'Hygiène et du Gouver-
ement de ces mêmes animaux, dont nous avons
éjà étudié l'âge, les races et les formes.

Comme on le voit, les deux parties de notre
euvre, quoique distinctes et séparées, forment
ourtant un tout, un ensemble harmonique
nséparable, constituant l'économie du Bétail.

L'une enseigne à choisir les animaux, l'autre
à les produire et à les gouverner : deux bran-
hes de la même science, aussi utiles l'une que
'autre ; car il ne suffit pas de savoir acheter, il
aut encore savoir conserver, produire et ven-
lre.

Donc, étudier séparément une partie quel-
onque de notre œuvre, serait une peine per-
lue, un travail inutile. C'est comme si l'on vou-

lait apprendre à lire , en négligeant une seule lettre de notre alphabet.

Nous devons déclarer pourtant que cette seconde partie est la partie capitale ; celle dont l'application est la plus générale , la plus constante , la plus usuelle , et dont le besoin se fait le plus vivement sentir dans nos campagnes.

La première , quoique formant une étude sérieuse et complète des animaux vus extérieurement , peut , jusqu'à un certain point , être considérée comme une introduction à la seconde , mais comme une introduction indispensable à l'étude intelligente et féconde de cette seconde partie qui , sans elle , deviendrait inintelligible , stérile. Ce sont les pièces d'un même édifice que l'on ne peut isoler , sans en compromettre les avantages et la solidité.

INSTRUCTION

SUR

LA PRODUCTION ET LE PERFECTIONNEMENT

DES PRINCIPAUX

ANIMAUX DOMESTIQUES.

CHAPITRE PREMIER.

GÉNÉRALITÉS.

Le bétail manque en France. Nous sommes tributaires de l'étranger pour des sommes considérables. On importe annuellement chez nous environ *vingt-trois mille chevaux, trente-cinq mille bœufs, cent soixante mille bêtes à laine et cent quarante-cinq mille porcs*, que l'on peut, sans exagération, porter en bloc, à une valeur de *trente-cinq millions*, sans comprendre, dans ce tribut annuel et forcé, environ vingt millions de produits animaux, tels que peaux, laines, cuirs, poils, plumes, fromages, etc.

Cet état de choses est fâcheux, nous disons même qu'il est alarmant. Il peut, d'un moment à l'autre, compromettre notre existence comme individus, et notre avenir comme peuple ; car, n'avons-nous pas vu, au premier cri de guerre parti d'Orient en 1840, toute l'Allemagne nous fermer ses portes, nous refuser ses chevaux, et nous livrer ainsi, sans cavalerie, à la merci d'une première bataille ? Aujourd'hui même, et, au moment où nous traçons ces lignes, nos spahis démontés ne sont-ils pas contraints d'aller en Piémont pour remonter notre cavalerie d'Afrique ? N'est-ce pas là pour le pays un spectacle affligeant, une déplorable situation ? Aussi le maréchal Bugeaud, frappé du danger de cette fausse situation, s'écriait-il, en 1840, dans l'une des séances de la Chambre des Députés : « *Un pays sans bétail* » *est un pays livré à l'étranger quant à la richesse,* » *et encore un pays livré à l'étranger quant à la* » *force.* »

Et si, passant à un autre ordre de considérations, l'étranger refusait aux individus ce qu'il a refusé à l'État, s'il cessait d'approvisionner nos marchés, comment alimenterait-on les masses ? Serait-ce exclusivement avec des racines et des céréales ? Outre que cette nourriture est nuisible à la santé, qu'elle détériore, affaiblit rapidement les hommes soumis aux rudes travaux des champs et des ateliers, ces récoltes ne peuvent-elles pas disparaître en un instant, menacées comme elles le sont par des fléaux si nombreux, si divers ?

Les tristes faits qui se sont produits pendant l'hiver

e 1846 le démontrent. Ils prouvent, en outre,
qu'on ne saurait trop se hâter de multiplier le bétail,
non-seulement pour se procurer des ressources,
pour parer à de semblables éventualités et mettre la
tranquillité du pays, le bien-être des populations à
l'abri des conséquences d'un brouillard, mais encore
pour régénérer l'agriculture. Le problème de l'amélioration des classes pauvres qui agite si violemment
la société et a donné lieu à tant d'utopies, ne sera
évidemment résolu par aucune d'elles. Qui donc le
résoudra ? L'agriculture ; car l'agriculture seule peut,
en augmentant la production, mettre les objets de
première nécessité à la portée des plus petites bourses.

Il faut, d'ailleurs, qu'on sache bien que, malgré le
recours de l'étranger, on enlève, tous les ans, *trente
mille bœufs* à l'agriculture pour les livrer à la boucherie ; car, pendant que l'Angleterre possède *deux
cent quatre-vingt-treize têtes de bestiaux* pour chaque
cent hommes, la France n'en a que *cent quarante-
huit*, et se trouve au huitième rang des nations de
l'Europe dans cet ordre de richesse, qui est la source
de toutes les autres. Elle voit passer, avant elle, l'Angleterre, le Danemarck, l'Ecosse, la Sardaigne, la
Prusse, l'Espagne et le Hanôvre.

C'est à vous, propriétaires et agriculteurs, qu'il
appartient de faire cesser cet état de choses, en mul-
tipliant et en perfectionnant votre bétail ; c'est-à-dire
en modifiant l'organisation des races existantes, de
manière à ce qu'elles remplissent, aussi avantageuse-

ment que possible, le but auquel on les destine ; car perfectionner, c'est développer des formes, des aptitudes, faire naître des qualités et disparaître de défauts. Mais ce but, auquel on doit tendre, ne sera atteint que lorsqu'on l'aura clairemeut arrêté, défini ; qu'on sera, en d'autres termes, entièremen convaincu de l'utilité, de la nécessité de former des races spéciales pour le travail, pour la boucherie, pour la qualité des produits. On a tort de croire qu'un bon bœuf de travail puisse jamais, quelques soins qu'on se donne, faire un bon bœuf de boucherie, sous le rapport de la quantité comme de la qualité de la viande, pas plus qu'un cheval de course ne peut faire un cheval de labour. La nature, tout en créant les espèces animales sur un plan à peu près identique, a donné aux races, comme aux individus, des facultés, des aptitudes, des dispositions natives différentes. C'est à l'homme à profiter de ces dispositions, à les étudier et à les développer selon ses besoins. Mais il faut, pour cela, mettre chaque chose à sa place, développer l'œuvre du Créateur, et ne pas prétendre la refaire.

On ne saurait jamais assez se persuader de l'avantage des bonnes races. Non-seulement elles ont plus de valeur, donnent de meilleurs résultats, mais elles ne coûtent pas davantage. Ainsi, une belle jument, portant un fruit de choix, ne dépense pas plus qu'une jument commune, dont la saillie a été faite au hasard ! Cependant, arrivés à l'âge adulte, leurs

duits , quoique ayant exigé les mêmes soins , au-
t une valeur bien différente! Le beau bœuf, qui
ce des sillons profonds et sûrs , ne dépense guère
s que le bœuf petit et malingre ; la vache donnant
ze litres de lait par jour, que celle qui n'en produit
e quatre , et le troupeau à laine fine, que celui qui
grossière.

Il nous paraît inutile d'insister davantage sur l'im-
rtance des bonnes races. Ces idées n'ont besoin
e d'être émises pour être acceptées. Il ne s'agit
s que de savoir quelles sont les races que l'on doit
ver de préférence , et quels sont les principes à
ivre pour arriver le plus tôt possible à un bon per-
tionnement.

En général , les améliorations à introduire dans
s races indigènes portent sur les formes ou sur
volume, sur la qualité ou la quantité des produits.
, il est reconnu, en principe , que les parens don-
nt les formes et les qualités, les lieux et la nour-
ure , la quantité, le volume. D'où il suit rigou-
usement, qu'il faut employer des races nouvelles ou
s animaux de choix pour perfectionner les formes
 les qualités, et une bonne nourriture pour en
gmenter la taille et le volume. On conçoit , en ef-
t , qu'il soit difficile de modifier , de changer la
rection des os sans l'influence des parens ou du
ng, comme il l'est de donner de la taille et du vo-
me sans une nourriture abondante et nutritive.

Tout perfectionnement , se bornant donc à des

modifications de forme ou de volume, de quantité o
de qualité, les choix doivent, nous le répétons
porter exclusivement sur les lieux et les parens. O
a dit qu'en changeant les milieux, on changeait le
hommes : cette maxime est en tout applicable au
animaux. On doit donc s'occuper d'abord d'étudie
les milieux, c'est-à-dire les lieux, les climats, l
nourriture, dont l'action est toute-puissante sur le
races puisqu'elles en sont les résultats évidens. L
Créateur a fait les espèces, les milieux ont fait e
font les races. L'homme ne crée rien, il modifie. Ce
principes sont rigoureux, on ne doit point s'en écar
ter. On s'assurera ensuite des besoins du pays sou
le rapport commercial, industriel et agricole ; d
ceux de la contrée que l'on habite, de ses débouchés
de leur proximité, en d'autres termes, de la faci
lité et de l'économie du débit ; car il ne suffit pas d
produire, il faut encore vendre.

Ces études faites, réfléchies, approfondies, on e
déduit le mode de perfectionnement que les lieu
permettent; car il faut se garder de dire : je veu
élever telle race, développer telles facultés, avan
de savoir si cette race et ces facultés sont compati
bles avec le climat, les eaux, la nourriture du pay
que vous habitez. C'est en vain que vous voudrie
élever des moutons à laine fine dans des vallées hu
mides et herbeuses ; des bœufs pour la boucherie
sur des montagnes arides, ou des chevaux sveltes
et légers dans des plaines marécageuses. Vous y per-

drez vos soins et votre argent. Il faut donc, nous
e répétons, produire et perfectionner selon ses
moyens, les facultés des lieux, et en vue du débit
e plus facile; car le producteur ne doit jamais per-
lre de vue que l'animal est une marchandise qu'il
faut fabriquer aussi bonne et aussi économiquement
que possible pour en avoir un bon résultat et s'en
défaire facilement.

C'est à l'inobservation de ces principes que bon
nombre d'éleveurs, hommes de bonne volonté et
de dévoûment, doivent attribuer les mécomptes d'essais décourageans et ruineux. Au lieu d'étudier les
lieux, de voir ce qu'ils permettaient, de vouloir le
possible, ils ont cherché l'idéal, l'absolu, comme
si nos animaux étaient des objets d'art à mettre en
peinture ou sous verre pour l'édification des siècles
à venir.

Mais il ne suffit pas de faire les meilleurs choix,
sous le rapport des lieux et des améliorations à introduire; il ne suffit pas de rechercher et de pos-
séder les meilleurs étalons pour réussir. Il y a une
question première, capitale, qui domine toutes les
autres et les annihile, quelque heureux choix que
l'on ait fait : c'est celle des alimens, de leur abondance, de leurs qualités. Buffon a dit, avec raison,
que « les climats agissaient sur la surface extérieure
» des animaux en changeant la couleur du pelage;
» mais que la nourriture agissait sur les formes in-
» térieures par *ses* propriétés, *toujours relatives à*
» *celles de la terre qui la produit.* »

Ces incontestables vérités n'ont pas besoin d'être démontrées, elles sont sanctionnées par l'expérience.

Le propriétaire éleveur doit donc, avant toute tentative, tout essai de perfectionnement et de multiplication, s'assurer de l'abondance et des qualités de la nourriture. Il doit calculer les fins selon ses moyens, proportionner le nombre d'animaux à la quantité de fourrage, et se garder surtout de cette erreur trop commune que la quantité de bétail compense la qualité. Il ne saurait jamais assez se persuader de l'influence de la nourriture sur la beauté comme sur la bonté des animaux. C'est le modificateur par excellence. Aussi, doit-on à tout prix étendre la culture des plantes fourragères. C'est là qu'est toute la question. Produire autant de fourrages que possible pour élever beaucoup d'animaux qui alimentent économiquement les masses, travaillent bien la terre en donnant beaucoup d'engrais pour la féconder. Les engrais manquent à l'agriculture, voilà les motifs de sa stérilité.

§ II.

Encouragemens.

Il y a déjà long-temps que le grand Colbert, sentant le danger qu'il y avait d'être tributaire de l'étranger pour une chose aussi utile que les chevaux, imagina d'introduire en France deux cents beaux étalons, destinés à améliorer nos races. On a depuis lors continué assez régulièrement ces importations. Mais il s'est opéré de nos jours de grands changemens à cet égard. On a créé au ministère de

l'agriculture et du commerce une section des haras,
chargée de provoquer et surveiller toutes les mesures de perfectionnement de nos animaux. C'est de
là qu'est partie l'idée d'encourager ces perfectionnemens par des primes et des prix.

On a donné le nom de *primes*, à des indemnités ac-
cordées à tous les éleveurs qui ont le mieux rempli
des conditions déterminées.

Nous ne contesterons pas l'utilité des primes, mais
nous dirons que jusqu'à ce jour, elles ont manqué
leur but ; qu'au lieu de provoquer le perfectionnement des races, elles n'ont fait que *créer un art, de
préparer les poulains pour l'exposition, comme il y en
a un pour les préparer à la course.* C'est là l'opinion
de M. Mathieu de Dombasle, que nous partageons
entièrement. Nous allons encore plus loin, nous disons que les primes ont mêlé, confondu les races,
au lieu de les caractériser, de les individualiser. Cela
tient à ce que l'on n'a pas de type arrêté, de but déterminé ; que chaque juré, livré à ses idées, à ses
goûts personnels, prime ce qu'il croit être la beauté.
L'un donne la préférence au sang anglais, l'autre à
l'arabe ; celui-ci aime la taille et le volume, les formes gracieuses et arrondies ; celui-là la légèreté, l'é-
légance, etc. On fait une question d'art d'une question d'économie politique, et chacun défend son type
du bec et des ongles. Ce sont des discussions ardentes, passionnées, exclusives, des discussions sans
fin et sans fond, et c'est avec ce désordre d'idées,

cette divergence d'opinion que les jurys se présentent bravement pour distribuer les primes aux plus *beaux* produits. Or, comme ce mot est très vague, il en résulte des jugemens qui font taxer les jurys d'ignorance et de partialité, selon le point de vue où l'on se place.

Tous ces fâcheux résultats et ces abus disparaîtraient si, après une étude approfondie des localités et des races naturelles qu'elles produisent, faite par des hommes spéciaux et capables, on assignait à chaque contrée la production de chevaux de selle, de trait léger ou de gros trait, de bœufs de travail ou de boucherie, de troupeaux à laine courte ou à laine longue, selon la nature, le vœu, la possibilité des lieux. De cette manière on pourrait, en n'employant jamais que des étalons d'une seule et même race, mais d'une race éprouvée, espérer de voir se perfectionner et se caractériser la race primitive. Ce perfectionnement serait d'autant plus rapide que les appareillemens, c'est-à-dire le choix, la convenance des mâles et des femelles, seraient plus rigoureux, au lieu de voir, comme aujourd'hui, les plus précieux étalons livrés, que disons-nous, *prostitués* à toute sorte de femelles.

Les conditions étant ainsi posées et le but clairement déterminé, la tâche des juges deviendrait facile. Ils n'auraient à apprécier que des *qualités définies, une beauté relative.* Car la beauté dans les animaux ne saurait être identique ; elle varie avec le but auquel on les destine. La beauté du cheval de trait n'est point celle du cheval de course.

De cette façon, les primes pourraient être à notre avis de puissans moyens d'encouragemens. Mais d'ici là, nous estimons que ces moyens seraient beaucoup plus efficaces si on les employait à récompenser les propriétaires qui, proportionnellement à leur propriété, récolteraient le plus de fourrages de bonne qualité. On conçoit, en effet, qu'un animal soit primé, sans augmenter en rien le nombre ni les qualités d'une race ; tandis que les fourrages produits, il faut les consommer, et pour cela augmenter le nombre d'animaux ou tendre à les améliorer par une nourriture plus abondante. On atteindrait ainsi un double but : celui d'augmenter le nombre ou la valeur des bestiaux, et celui d'améliorer l'agriculture par les fumiers qu'ils donneraient. La plupart de nos cultivateurs ne sont pauvres que parce qu'ils cultivent trop de terrain relativement aux engrais dont ils disposent. Jusqu'ici, on n'a accordé les primes qu'aux plus beaux produits, sans s'informer de ce qu'ils coûtaient, comme si l'économie n'était pas le premier mot de toute production, de tout perfectionnement, et si nous avions quelque chose à gagner et à espérer d'animaux qui coûtent plus qu'ils ne valent. Voilà pourquoi les primes sont devenues un privilège, un monopole en faveur de la fortune qui, par orgueil ou vanité, sacrifie tout pour obtenir un beau produit contre lequel ne peuvent lutter ceux des petits propriétaires, seuls éleveurs sérieux qui, découragés, se sont retirés ou se retirent.

Désormais, on ne devrait accorder les primes qu'aux produits qui, coûtant le moins, seraient les plus beaux, c'est-à-dire les meilleurs. Ceci nous amène directement à la question des courses.

Courses.

Il est évident que l'examen le plus scrupuleux d'un animal, ne peut jamais donner la mesure de son mérite, de ses qualités, comme l'essai ou l'exercice. C'est pour cela que nous avons critiqué la distribution des primes et des prix faite sur la simple inspection d'un animal considéré sous le rapport de la beauté absolue d'un type arabe, anglais, normand ou auvergnat, cette beauté n'étant pas toujours, bien s'en faut, l'indice certain de la valeur réelle. L'exercice nous semble donc le meilleur moyen de bien juger un cheval, d'en apprécier rigoureusement le fond, les qualités, le côté vraiment utile, sans négliger en rien l'agréable. A ce point de vue, l'institution des courses peut devenir utile, mais elle a besoin, comme on le sent déjà, de grandes et nombreuses modifications.

Dans l'état actuel des choses, cette institution n'a donné que de fâcheux résultats; elle a compromis nos races, au lieu de les améliorer ; et c'est pour cela que nous en demandons la suppression.

Nous tranchons hardiment, nous le savons, une question bien ardue, et nous entendons déjà *le haro* à peu près général qui s'élève contre nous ! Mais cela nous importe peu. Nous plaçons l'intérêt du pays, celui de l'agriculture, du commerce, de l'industrie, bien au-dessus des questions de personnes, d'amusemens et de modes.

Nous admettons, nous engageons même les admirateurs des coursiers anglais et des courses au galop, à fonder, en compagnie des modistes, maîtres d'hôtel, carrossiers, etc., des prix de course, comme les horticulteurs en ont fondé pour la rose noire ou le dalhia bleu. Ce sont des motifs de dépenses qui profitent au commerce, à l'industrie, et nous y applaudissons. Mais que l'Etat, le département, la commune, dépensent de grosses sommes pour ces concours, nous ne l'admettons pas; nous le blâmons, au contraire; car, quels avantages en retire-t-on ? Ceux de développer, de propager le goût du cheval, de provoquer le perfectionnement, la multiplication de l'espèce; enfin, d'avoir par là toujours sous la main, des étalons qui ont fait leurs preuves. Voilà, si nous ne nous trompons, les motifs qu'on allègue.

Et bien ! nous croyons, en effet, que les courses ont développé dans l'oisive opulence, le goût du cheval, mais du cheval de course exclusivement, à cause du relief, de l'agrément, des bénéfices qu'il peut donner. Ce goût est même devenu une sorte de fureur. car c'est un moyen comme un autre de jouer gros jeu, et de tenter le sort. Les jockeys ne sont-ils pas d'ailleurs d'excellens compères ?

On sait les turpitudes et les honteuses menées auxquelles le turff donne lieu en Angleterre. Ce sont des généalogies faussées, des jockeys achetés, des chevaux empoisonnés pour satisfaire la fureur du gain qu'excitent les gros paris. C'est une caverne, où il se fait un ignoble trafic de choses et de gens. Nous ne disons pas que nous en soyons encore là, mais ça commence à venir.

Voilà en réalité les goûts que les courses ont développés et les conséquences qu'elles amènent. Nous ne voyons pas trop ce que le pays et la société peuvent y gagner. Les courses n'améliorent pas plus les races de chevaux que celles des jockeys. Heureusement que le bon sens public en fera justice, nous l'espérons ; car, comme l'a dit encore **M. de Dombasle** : *Si les courses sont moins sanguinaires que les combats de coqs ou de taureaux, elles ne sont guère plus utiles.*

Mais, nous dira-t-on, si les courses sont, comme vous le prétendez un jeu, un passe-temps, une récréation pour l'opulence, sans influence sur la multiplication des races, elles ont au moins l'avantage incontestable de donner des étalons précieux pour les améliorer? Les triomphes de l'hippodrome ne sont-ils pas les plus sûrs garants des qualités de l'individu comme de la pureté de son rang et de sa race?

Si vous vouliez contester, il nous serait trop facile de prouver que les vainqueurs ne sont pas toujours ceux qui reçoivent les couronnes! *Il est avec les jockeys des accommodements.* Mais nous acceptons, nous reconnaissons et proclamons le haut mérite, les précieuses qualités des bons coursiers, et c'est justement pour cela que nous déclarons, avec des hippiatres et des agronomes célèbres, que *les chevaux de course ne sont bons qu'à gâter les races, au lieu de les améliorer.*

S'il est vrai, en effet, comme nous le croyons, que l'étalon donne au produit ses qualités et ses formes, nous aurons, par l'emploi des coursiers anglais, une beauté relative fort contestable et des qualités de circonstance fort inutiles, au point de vue général. Nous ne comprenons pas, en effet, la beauté d'un corps raide, long et étroit, emmanché d'un long cou et huché sur de longues jambes, pas plus que nous ne comprenons l'utilité d'un cheval faisant, quatre ou cinq fois par an, une lieue en cinq minutes, et passant le reste du temps à ne rien faire, parce qu'il n'est plus bon à rien. Quels avantages peut-on retirer de ces facultés, et qu'ont à en attendre la patrie et la société? Nous sommes de bonne foi, et nous demandons à quoi sont bons les chevaux de course, si ce n'est à dépenser beaucoup plus qu'ils ne valent. Ce sont les parasites de l'espèce. *Grâce au Baudet,* s'écrie un éleveur du Cantal, et *à défaut d'acquéreurs,* nous pourrons purger le sol des rejetons de *Fang, Reweller,* etc. Si c'est le dernier mot de l'expérience, il n'est pas consolant.

De grâce donc, messieurs les sportsman, abandonnez les chevaux de course qui vous ruinent en pure perte, et consacrez la moitié seulement de ce qu'ils vous coûtent, à élever et perfectionner des races utiles. Vous aurez bien mérité de la patrie.

Pour ouvrir la voie que nous proposons et encourager à s'y engager, les courses actuelles devraient être remplacées par des concours où l'on distribuerait des prix aux jeunes animaux qui rempliraient le plus complétement le but auquel on les destine.

Ainsi, il y aurait un prix pour le cheval qui, monté de son cavalier, aurait le plus tôt fait dix lieues ; un pour l'équipage ou l'attelage qui remplirait le mieux les mêmes conditions, un autre, enfin, pour le cheval qui aurait le plus tôt parcouru le même chemin en traînant, au pas et sur un terrain donné, un lourd fardeau.

Tout le monde comprendra les avantages de ces luttes, et la vigueur de résistance et d'organisation qu'il faudrait pour triompher. Il ne s'agirait pas alors de quelques minutes d'une énergie factice, mais bien d'une solidité de constitution à toute épreuve. Ces concours, combinés avec notre système de primes, amènerait, ce nous semble, les plus heureux résultats.

Elévation du prix des chevaux de guerre. Mais il y a un autre moyen d'encouragement plus efficace que tous ceux-là, c'est celui d'élever le prix des chevaux de guerre, ou bien d'accorder tout propriétaire ou éleveur qui en présenterait remplissant toutes les conditions , une prime d'encouragement au-dessus du prix réel. Nous ne voyons pas pourquoi M. le Ministre de la Guerre ne prenrait pas de semblables mesures. Au lieu d'aller porter notre argent à l'étranger, ne vaudrait-il pas mieux le laisser en France, en faire jouir nos éleveurs , dussions-nous payer nos chevaux plus cher ?

TABLEAU *du prix, de la taille et de la ration des Chevaux et Mulets de remonte pour l'armée.*

CAVALERIE.		PRIX.	TAILLE.	RATIONS.		
				Foin.	Paille.	Avoine.
Réserve.	Carabiniers et Cuirassiers.	de 550 fr. à 600 ,	de 1 m. 542 mil. à 1 m. 597 mil.,	5 kil.	5 kil.	36 hect.
de Ligne.	Dragons et Lanciers.	de 500 à 550 ,	de 1 515 à 1 542	4	5	34
Légère.	Chasseurs et Hussards.	de 450 à 500 ,	de 1 475 à 1 515	4	5	30
Artillerie et Train.		de 550 à 600 ,	de 1 488 à 1 542	5	5	38
Mulets.		de 450 à 500 ,	de 1 434 à 1 515	4	5	30

CHAPITRE II.

DES ESPÈCES ET DES RACES NATURELLES EN GÉNÉRAL,

Nous ne rechercherons pas si les espèces ont toutes été créées primitivement, ou bien si elles résultent de la dégénération d'un type unique. Nous dirons seulement que les espèces domestiques actuelles existaient dès la plus haute antiquité, puisque la plupart d'entre elles sont représentées sur les monumens les plus anciens. Tout porte donc à croire que les espèces sont toutes sorties des mains du Créateur.

On a donné le nom d'espèce à des collections d'individus qui se ressemblent extrêmement entre eux et *peuvent se perpétuer par la génération.*

Les races sont, au contraire, des modifications déterminées dans les espèces par l'influence de causes connues ou inconnues, et pouvant également se transmettre par la génération.

Les races sont donc, dans l'espèce, les collections d'individus qui se ressemblent le plus.

Les races produisent entre elles, par la génération, des individus *féconds,* c'est-à-dire pouvant se reproduire.

Les espèces ne s'accouplent pas naturellement
entre elles, et lorsque l'homme, usant et abusant
de son influence, obtient ce résultat dans quelques
espèces ayant de très-grands rapports, elles ne produisent que des individus *inféconds*, c'est-à-dire des
mulets. La nature semble avoir voulu borner l'action destructive de l'homme : elle s'oppose à ce que
les espèces se mêlent, se confondent, s'anéantissent.

Mulets. Les mulets sont donc le résultat de l'accouplement de deux espèces différentes, mais ayant de
très-grands rapports.

On ne connaît guère, dans nos espèces domestiques, que le croisement de l'âne et du cheval, donnant naissance, par la jument, au mulet proprement
dit; par l'ânesse, au bardeau. Il faut rejeter dans
le pays des fables ces incroyables produits du bœuf
et du cheval, du porc et du chien, de la poule et du
canard, etc., parce que, nous le répétons, les espèces ne produisent pas entre elles, à moins d'une
très-grande ressemblance ou par exception.

L'homme profite de la faculté qu'ont les races de
donner des produits féconds par le croisement pour
les perfectionner. Si donc Dieu a fait les espèces,
l'homme peut faire les races et les modifier selon
ses besoins et ses goûts. Car, comme le dit Buffon : « L'animal domestique est un esclave dont on
» s'amuse, dont on se sert, dont on abuse, qu'on
» altère, qu'on dépayse et qu'on dénature.

Les animaux domestiques, arrachés à l'état na-
urel ou sauvage et transportés par l'homme sous
les climats divers , ont dû nécessairement subir des
nodifications importantes. Y ont-ils gagné? y ont-
ls perdu? Buffon dit : « qu'on trouve sur tous les
» animaux esclaves les stigmates de leur captivité
» et l'empreinte de leurs fers ; et qu'on est surpris
» de voir jusqu'à quel point la tyrannie peut dégra-
» der , défigurer la nature. »

Cette opinion du célèbre naturaliste est fort contestable, même au point de vue où il s'est placé,
celui des avantages de la liberté d'êtres créés libres.

L'état de nature est sans doute une fort belle
chose, vu philosophiquement du coin du feu, après
un bon dîner; mais les animaux ne sont pas venus du fond des déserts nous conter leurs terreurs
et leurs peines. Ils ne nous ont pas dit tous les
maux des privations, des intempéries; ni les pour-
suites incessantes d'ennemis acharnés et cruels : ils
ne nous ont pas dit tout cela ; mais l'état piteux
et malingre des chevaux qui vivent encore à l'état
de nature, prouve que la domesticité leur a été plus
favorable que nuisible ; car si elle les a soumis au
travail en leur enlevant la liberté, elle les a également soustraits à bien des souffrances , et nous ne
savons guère si la tyrannie de la faim et des intempéries n'est pas pire que la tyrannie du travail.
Il est un fait bien certain aujourd'hui, c'est que nos

Influence sur les Espèces et les races.

1° De la domesticité.

animaux domestiques sont en général plus beaux, plus forts, plus vigoureux que leurs frères sauvages. La domesticité est la civilisation des animaux; et nous ne pensons pas que, soutenant le paradoxe de Rousseau, on veuille encore prétendre que l'espèce humaine a perdu à la civilisation. Eh bien! la domesticité a produit sur les animaux ce que la civilisation a produit sur l'homme : elle a grandi leurs formes, assoupli leur caractère, développé leur beauté, leur intelligence; elle a, pour ainsi dire, donné la parole au perroquet, la voix au chien, que la nature avait fait presque muet; elle a converti, transformé le poil long et rude du mouflon en la toison soyeuse de nos mérinos, et sans elle, la plupart de leurs races seraient anéanties.

Les animaux domestiques ont donc gagné au contact de l'homme, qui tend à les rendre de plus en plus dignes de lui, parce qu'ils sont son œuvre, sa création, et qu'ils lui sont en outre indispensables. Les animaux sont, en effet, la condition essentielle de notre existence, car *les États ne peuvent se soutenir et fleurir que par la culture des terres et par l'abondance du bétail.* Entre eux et nous, c'est donc une alliance éternelle, un pacte inviolable et sacré; c'est l'association de l'intelligence et de la force, de la pensée qui dirige et du travail qui exécute. L'homme élève, entretient, développe, embellit l'animal à l'abri de toute fâcheuse influence, et l'animal lui livre en échange sa liberté, ses produits, son travail.

Sans doute, que la domesticité a ses maux et ses douleurs! mais comme ils tiennent moins à la chose qu'aux idées et aux mœurs de ceux qui les gouvernent, nous sommes sûrs de les voir disparaître successivement par les progrès de la civilisation et par une bonne loi contre ceux qui brutalisent les animaux.

Il ressort de tout ce que nous venons de dire, qu'un des plus grands avantages de la domesticité est de soustraire les animaux à l'influence des climats et des lieux. Comment concevoir autrement que l'homme eût pu transporter sous les zones les plus froides, des animaux nés dans les déserts brûlants de l'Afrique ou les steppes chaudes de l'Asie; qu'il eût pu les y élever avec avantage, les modifier? On ne saurait douter un instant de l'action puissante des climats et des lieux agissant sur les animaux par l'air, les alimens, les eaux et les saisons. Ce sont là les principaux modificateurs de l'organisme, les agens créateurs des races naturelles.

2° Des climats et des lieux.

Qui est-ce qui a fait le cheval de l'Arabie si svelte, si gracieux, si léger? et celui du Danemarck ou de la Frise si gros, si massif, si lourd? Qui a donné aux moutons d'Espagne cette laine fine et soyeuse? tandis que ceux du Rouergue ou de la Picardie l'ont généralement longue et très-grossière?

Pourquoi les bœufs des pays très froids ont-ils le poil long et soyeux, et portent-ils une grosse loupe sur les épaules? Pourquoi les hommes des pays

chauds sont-ils noirs ou bruns , et ceux du Nord
blonds ou blancs ?

3° De la
nourriture.

La nourriture rend l'animal dépendant du sol ;
elle lui communique son influence et par la qualité
et par la quantité. Nous avons déjà dit qu'elle agissait principalement sur la taille et le volume. Les
herbivores , et particulièrement le bœuf, y sont très
sensibles. Ce dernier acquiert , par l'abondance et la
richesse des pâturages, une taille prodigieuse. Il y en
a de si grands en Asie, que les anciens les appe-
laient *taureaux éléphans*, tandis que le zèbu d'Arabie
n'est guère plus grand qu'une chèvre. Mais, sans prendre nos exemples si loin, la différence est grande
entre le bœuf des gras pâturages de la Normandie ,
pesant net jusqu'à *huit cents kilogrammes*, et celui des
Pyrénées qui n'arrive guère qu'a *deux cents ;* entre
le mouton Flandrin et celui de la Sologne ou de la
Creuse; car partout, dit Buffon, les animaux prennent le tempérament du climat et la teinture de la
terre.

Donc , tenter le perfectionnement et la multiplication d'une race, sans s'assurer d'abord de la qualité
comme de l'abondance de la nourriture , serait un
essai aussi stérile que ruineux. On ne saurait être
jamais trop généreux à cet égard, dit l'expérimenta-
teur Crud; car, outre le développement de la taille
et du volume, les animaux abondamment nourris
travaillent plus tôt, sont plus précoces, et se vendent
plus avantageusement et plus vite.

L'homme peut jusqu'à un certain point balancer, par des soins bien entendus, l'influence des climats et des lieux ; mais il ne saurait en rien remplacer celle d'une abondante et bonne nourriture.

Incontestablement, le sang peut seul modifier ou changer la forme des animaux, c'est-à-dire le squelette. Les climats ni la nourriture ne pourront jamais, quoi qu'on fasse, ajouter un os ni l'enlever à la charpente d'un animal. Cette action est réservée au sang ou à la génération. Difficilement on aurait enlevé la queue à certains chiens au moyen de la nourriture, tandis que ce résultat a été souvent obtenu par l'emploi de mâles ou de femelles auxquels on l'avait coupée dans une suite de générations, ou qui en avaient été dépourvus par une anomalie singulière que la nature se plaît quelquefois à offrir. 4° Du sang.

Vouloir donc élever le garrot, ou rendre horizontale la croupe avalée de quelques-unes de nos races communes, par l'influence exclusive de la nourriture et de l'homme, sans l'emploi d'une race possédant ces qualités, serait une tentative aussi vaine qu'infructueuse.

Voici ce que disait, à ce sujet, M. Isidore Geoffroy Saint-Hilaire, dans une lettre adressée à M. le Ministre de l'agriculture et du commerce, en 1844 :

« Pour conserver une race, pour la naturaliser
» parmi nous, deux conditions sont nécessaires.
» L'une, dont la nécessité trop évidente n'a été mé-
» connue par personne, c'est *la pureté des mariages*;

» c'est l'exclusion, à l'égard des femelles de la race
» que l'on veut naturaliser, de tout étalon qui n'en
» offrirait pas les caractères complets et bien déve-
» loppés.

» L'autre condition, très-souvent méconnue, c'est
» la nécessité de maintenir la race que l'on veut na-
» turaliser, dans des circonstances analogues à celles
» où elle se trouvait placée dans le pays qui la pro-
» duit ordinairement.

» Or, ces circonstances, notamment lorsqu'elles
» dépendent du climat, il ne nous est pas toujours
» possible de les reproduire, ou de nous en rappro-
» cher suffisamment; d'où il suit que si un très-
» grand nombre de races étrangères peuvent être
» importées et naturalisées chez nous, il en est quel-
» ques-unes qui, importées en France, y dégénére-
» raient nécessairement, et qui ne peuvent y être
» naturalisées. Elles peuvent seulement y être con-
» servées, pour ainsi dire, artificiellement, au moyen
» de nouveaux individus importés de temps à autre,
» notamment d'étalons, qui pourront, en mêlant leur
» sang à celui de la race précédemment importée, la
» renouveler pour ainsi dire, et en arrêter, en ralen-
» tir du moins la dégénération.

» Remarquons-le toutefois : l'étendue de la France
» est si vaste, elle renferme tant de régions si diffé-
» rentes par leur position topographique et leur cli-
» mat, qu'il est bien peu de races étrangères qui ne
» puissent trouver sur quelque point de notre pays

» *l'habitat* et les circonstances qui rendraient leur con-
» servation possible. »

En résumé, l'homme doit employer la génération ou le sang pour changer ou modifier profondément les formes ou les qualités des races, la nourriture pour les grandir et les constituer solidement, enfin, les soins hygiéniques bien entendus ou la domesticité, pour lutter contre l'influence des climats et des lieux.

C'est par l'action sagement combinée de ces moyens que l'on peut espérer d'obtenir un bon perfectionnement. Mais, comme la plupart de nos races pèchent principalement par les formes ou les qualités, et que d'ailleurs, on veut jouir vite, on s'adresse d'abord à l'influence du sang, comme amenant de plus prompts résultats, et pouvant, en outre, donner matière à bavarder. ce qui n'est pas d'une mince considération en France.

CHAPITRE III.

MÉTHODES DE PERFECTIONNEMENT.

Nous avons dit que les alimens, les climats et les lieux agissant sans cesse, et selon leur nature, sur l'organisation des animaux, en modifiaient le type espèce, et produisaient les races naturelles ; mais que l'homme, usant et quelquefois abusant de l'influence que lui donne la domesticité, en avait formé un très-grand nombre en les mêlant, souvent sans discernement et sans goût.

Pour créer les races, comme pour les perfectionner, on use de trois méthodes principales, savoir : *le croisement*, *la consanguinité*, *l'appareillement*.

Croisement ou métissage. Le croisement ou métissage consiste dans l'accouplement de deux individus de race différente et dont l'une est destinée à perfectionner l'autre.

Ainsi, on accouple l'étalon arabe avec la jument auvergnate ou limousine, pour donner au produit plus d'élégance et de grâce. On allie le bélier mérinos avec la brebis berrichonne, pour raffiner la laine. L'animal améliorateur mâle ou femelle doit toujours être un pur sang.

Le premier produit du croisement s'appelle premier métis ou demi-sang. Accouplé avec un pur sang, le premier métis donne le deuxième, le deuxième toujours, avec un pur sang, donne le troisième, le troisième, le quatrième et ainsi de suite; de telle sorte qu'en suivant cette méthode pendant plusieurs générations successives, on substitue une belle et bonne race à une race commune. Mais cela demande du temps et des soins bien entendus.

On conçoit aisément les énormes avantages que l'on peut retirer du croisement. Par lui, les animaux domestiques ne sont, pour ainsi dire, plus qu'une pâte molle, que l'homme façonne à ses gré et volonté. Ainsi, il modifie, perfectionne les formes des animaux de travail ou de luxe ; développe les parties charnues aux dépens des os dans ceux de boucherie; raffine les laines, les allonge selon ses besoins, et crée des races spéciales aux convenances des lieux, de l'agriculture, du commerce, de l'industrie.

La nature n'a fait que quelques races domestiques concentrées dans les contrées qui leur étaient propres; mais l'homme, par son influence et son action, les a multipliées à l'infini et transportées sous tous les climats. Poussant même plus loin l'ardeur de ses investigations, et cédant à ce besoin d'innover, de découvrir qui le dévore, il a croisé les espèces; mais il n'a obtenu fort heureusement pour résultat que des mulets, c'est-à-dire des individus inféconds; sans cela, les espèces auraient été bientôt mêlées, brouillées comme les races, et nous aurions abouti au chaos.Singulière destinée, qui, partout dans l'ordre des choses, a placé le bien si près du mal, l'abus si près de la puissance.

Ainsi les croisemens, lorsqu'il sont mal conçus, mal dirigés, déforment, anéantissent les races, au lieu de les perfectionner. Il faut se garder, dit Huzard, d'attaquer à la fois, par le croisement, tous les défauts d'une race existante. On doit s'en prendre d'abord au principal, et les passer successivement en revue les uns après les autres, par des reproducteurs de races différentes, s'il le faut, mais ayant tous les qualités des défauts que l'on veut faire disparaître.

Quelque prompts que soient les résultats du croisement, il ne faut pas s'attendre à avoir, dès la première génération, des animaux perfectionnés ; ils sont au contraire généralement disproportionnés, décousus. Le sang des deux races n'ayant pas encore eu le temps de se fusionner complétement, les produits offrent l'amalgame incohérent des qualités et des défauts du père et de la mère. Il faut donc *trois à quatre* générations au moins, pour bien juger des effets d'un croisement. C'est à l'éleveur à savoir attendre.

Buffon et Bourgelat, notre maître, grands promoteurs des croisemens, ont prétendu qu'ils étaient indéfiniment nécessaires pour balancer l'influence des lieux et maintenir une race croisée. Cette opinion est trop exclusive. Des faits nombreux ont démontré , qu'après huit ou dix générations consécutives et bien dirigées , la race améliorée pouvait se maintenir seule , sans l'introduction de nouveaux reproducteurs , pourvu que l'appareillement et le régime fussent bien entendus.

Malgré les incontestables avantages des croisemens, ils ne sauraient satisfaire tous les hommes. Il suffit peut-être même que tous les hippiatres et naturalistes , depuis Varron jusqu'à Bourgelat et Buffon , les aient préconisés à l'encontre des alliances de famille , pour que les Anglais aient fait de ces dernières une règle de perfectionnement. Ils ont donné à cette méthode le nom de propagation en dedans. (*Breding id and id.*) Nous l'appelons consanguinité.

La consanguinité consiste dans l'accouplement d'individus de la même famille , du père avec la fille, la mère avec le fils , le frère avec la sœur.

Malgré les résultats obtenus par le célèbre Backewel , le créateur de la race des moutons Dislhey, et par quelques autres éleveurs Anglais, la consanguinité est loin d'obtenir les suffrages des hommes compétens. Elle a , en effet, des inconvéniens si graves, si profonds , qu'elle ne saurait être acceptée et suivie sans danger. Les résultats de Backewel et de ses imitateurs, ne sauraient être considérés que comme des exceptions dues , peut-être , plutôt à la localité , aux soins infinis , à l'hygiène qu'à la consanguinité. Dans toutes les races comme dans toutes les espèces, l'expérience des siècles établit que les alliances de famille tendent au dépérissement, à la dégénération, à la stérilité des races, partant à leur anéantissement! Dans l'espèce humaine, les lois sociales et religieuses de tous les peuples les ont proscrites comme une monstruosité. On les proscrit en horticulture à l'égard des plantes. Les animaux feraient-ils seuls exception à la règle? Nous ne le pensons pas. D'ailleurs, les prétendus perfectionnemens anglais ne seraient-ils pas plutôt un étiolement? Ne consistent-ils pas en effet dans le développement excessif des parties molles et charnues, et n'a-t-on pas accusé Backewel d'avoir systématisé la pourriture?

Nous n'admettons la consanguinité que dans des cas exceptionnels ; lorsque, par exemple, deux individus d'une même famille offrent des beautés et des qualités si extraordinaires, si remarquables, que l'on puisse craindre de les perdre en les isolant, et qu'on veuille tenter de les imprimer plus vigoureusement dans le sang, en accouplant ces individus ensemble, pour former un type nouveau. Mais il ne faut pas aller trop loin dans cette alliance incestueuse, si on ne veut perdre tout le fruit de sa tentative.

On appelle méthode de progression, l'introduction dans un pays donné, de mâles et de femelles d'une race étrangère.

Méthode de progression.

Ceci étant une importation, ou plutôt une substitution de race et non un mode de perfectionnement, nous ne nous en occuperons pas ; nous dirons seulement que ce moyen est fort dispendieux, et ne donne presque jamais les résultats que l'on en attend, parce que les alimens et les climats, agissant sur ces nouveaux venus, les modifie, les transforme en peu de temps ; et, au lieu d'avoir une race amélioratrice, on a une race dégénérée.

A quelque méthode que l'on donne la préférence pour perfectionner les races, il importe d'abord de faire un bon appareillement.

En thèse générale, appareiller, c'est réunir deux choses ou deux individus aussi semblables que possible. L'identité parfaite constitue l'appareillement parfait. Ainsi, on appareille deux chevaux pour la voiture, deux bœufs pour le labour, comme on appareille un mâle et une femelle pour les faire reproduire.

En restreignant ce mot à ce dernier sens, l'appareillement est une règle générale qui consiste dans le choix judicieux et raisonné des mâles et des femelles destinés à s'accoupler pour se reproduire, au lieu de livrer cet acte important au hasard.

On doit déjà sentir l'importance de l'appareillement pour l'amélioration des races, car il ne suffit pas d'introduire de bons reproducteurs, il faut encore les choisir convenablement. On emploie l'appareillement comme méthode pour maintenir et conserver les bonnes races existantes. Il consiste alors dans le choix des plus beaux mâles et des plus belles femelles de ces races, que l'on accouple ensemble et dont on soigne particulièrement les produits pour les accoupler à leur tour et progressivement. Il est presque toujours plus sûr d'agir ainsi que de vouloir brusquer le perfectionnement et le porter tout à coup à l'idéal par l'emploi de races étrangères trop supérieures. Que de belles et bonnes races ont perdu à l'abandon de ce principe! C'est ainsi que l'on a détruit, ou gravement compromis, dans nos chevaux, les races limousine, navarraise, auvergnate, etc., en les croisant avec des étalons anglais, et que l'on perdra peut-être la bretonne, la percheronne, la normande. Mieux vaut garder ce que l'on a de bon, de certain, de positif, que de tenter un vain perfectionnement par des croisemens problématiques; l'appareillement leur est cent fois préférable.

Les règles de l'appareillement ressortent de ce principe, que les produits ressemblent aux parens. D'où il suit que l'on doit choisir, pour types améliorateurs, les individus qui réunissent les qualités que l'on désire introduire ou développer dans la race nouvelle. Seulement, au lieu d'attaquer tous les défauts à la fois, il est mieux de les poursuivre un à un. On divise le travail pour ne pas en être accablé.

CHAPITRE IV.

DES REPRODUCTEURS.

On appelle reproducteurs, les animaux mâles et femelles destinés à la reproduction. On ne saurait jamais porter trop d'attention au choix des reproducteurs ; car, comme nous le disions tout à l'heure,
et comme le dit Grognier, ce sont les reproducteurs
qui font en partie les races par cette loi générale de
la nature que les individus ressemblent à ceux qui
leur ont donné l'être. Ce n'est, disait Laguerinière,
que par le mauvais choix que l'on a fait des étalons
que nous sommes privés de l'avantage d'avoir des
chevaux tels qu'on les désirerait.

§ 1er.
*Choix
des reproducteurs.*

Les reproducteurs doivent être aussi bien con-
formés que possible, réunir tous les caractères, de
leur race, avoir de la docilité, de l'énergie, une
constitution robuste, une poitrine ample, un œil
vif, un poil luisant et doux au toucher, de bonnes
et belles jambes, un pied solide et bien conformé.

*Leur qualité en
général.*

Ils seront, en outre, exempts de tout défaut, de
toute maladie constitutionnels ou acquis qui pourraient altérer leur santé ; car de parens souffrans ou

maladifs, ne peut guère résulter que des produits faibles et malingres.

On appelle maladies et défauts constitutionnels ceux qui proviennent des parens, et sont inhérens aux individus.

On appelle acquis tous ceux qui proviennent de causes connues, accidentelles ou naturelles.

On a beaucoup écrit sur l'hérédité, c'est-à-dire sur la transmission des maladies. Un médecin célèbre a dit que les enfans héritaient plus sûrement des maladies et des défauts des parens que de leur fortune. Sans contester l'exactitude de cette maxime, nous dirons qu'on a peut-être poussé trop loin l'influence du sang, sans tenir assez compte de celle des climats, de l'éducation, du régime ; car si les produits héritent si sûrement des vices des parens, pourquoi n'héritent-ils pas de leurs qualités ? On sait, Dieu merci, que les exceptions sont nombreuses à cet égard.

Donc, tout en tenant compte de l'hérédité ou transmission des défauts et maladies des parens aux enfans, on se gardera, contrairement à l'avis de certains auteurs, de considérer comme transmissibles ou héréditaires, jusqu'à de légères tares accidentelles, des courbes, des mollettes, des suros, etc. Ces tares sont généralement peu redoutables. Nous avons vu une belle jument anglaise, affectée d'éparvins secs, donner *neuf* produits consécutifs, tous exempts de ces défauts. Une jument auvergnate, ayant une courbe énorme au membre gauche, est morte à *qua-rante-trois ans*, après avoir fait dix-huit poulains ou pouliches ne portant aucune trace de cette tare. Les maladies et défauts accidentels, lorsqu'ils sont légers, ne se transmettent généralement pas. Il faut user de la consanguinité pendant quelques générations pour les rendre héréditaires.

Les défauts, comme les qualités, peuvent en outre être relatifs ou absolus.

On appelle absolu, tout ce qui est inhérent, nécessaire, indispensable à l'individu. Ainsi, la santé, la bonté, la docilité, l'énergie, sont des qualités absolues, de même qu'une mauvaise constitution, une poitrine exiguë, un bassin étroit, la fluxion périodique, etc., sont des vices ou défauts absolus.

Mais une grande ou une petite taille, un avant-bras long, un jarret droit, un pied plat, etc., sont des défauts ou des qualités relatifs au but que l'on se propose ; ainsi, le pied plat devient une qualité pour la jument mulassière ; l'avant-bras long, un défaut pour le cheval de selle, mais une qualité pour celui de course. Toutes les particularités dépendant des races qu'elles caractérisent, sont donc relatives. Elles deviennent des qualités ou des défauts, selon que l'homme veut les reproduire ou les anéantir, en vue de ses intérêts ou de ses goûts.

Il ne suffit pas que les reproducteurs réunissent toutes les qualités générales que nous venons d'indiquer ; il faut encore qu'il y ait convenance de taille et

Choix.
1° Quant à la taille.

de forme entre le mâle et la femelle. Si la disproportion était trop grande, les produits seraient décousus et sans grâce. Les chevaux anglais de course ont malheureusement développé, en France, la manie des grands chevaux. Cette fâcheuse manie ne peut amener que de mauvais résultats; car, à part quelques particularités, comme les courses, une grande taille est plutôt nuisible qu'utile à la plupart des services. Est-ce qu'un cheval de taille moyenne n'est pas plus maniable, soit à la selle, soit à la voiture ou ailleurs, qu'un grand cheval? Demandez aux vieux cavaliers de l'Empire, ou de la Révolution, s'ils avaient peur des grands chevaux anglais, et à nos petits fantassins s'ils craignaient le Russe gigantesque? Nous prétendons que les petits chevaux font mieux et plus rapidement les évolutions que les grands. On sait, d'ailleurs, que la taille et le volume dépendent plutôt de la nourriture que du sang. Que l'on transporte les grands bœufs normands, de leurs plaines herbeuses, sur les crêtes abruptes de la Corrèze, de l'Auvergne ou le sommet des Pyrénées, et l'on se convaincra de cette vérité.

Il faut donc vouloir ce que le pays que l'on habite permet et demande; chercher à produire du vigoureux et du solide, plutôt que du grand, du décousu, de l'effilanqué. Lorsqu'on ne peut avoir un bœuf de *huit cents* kilogrammes, on en fait deux de *cinq cents*.

Le nombre remplace très efficacement la taille et le volume lorsque les qualités sont les mêmes. C'est donc aux qualités qu'il faut s'attacher, la taille étant subordonnée au but et à la nourriture.

Les conditions essentielles du choix de la race, sont qu'elle soit aussi ancienne que possible, que les reproducteurs choisis en aient tous les caractères indélébiles, et que ces caractères soient bien les qualités des défauts que l'on veut faire disparaître. Il faut, en outre, pour que les reproducteurs conservent bien leurs qualités et les transmettent à leurs descendants, qu'il y ait un certain rapport dans le climat et la nourriture de la race améliorante et celle que l'on veut améliorer. Sans cela, la race à améliorer absorbe l'autre sans profit, par la puissante action des aliments et des lieux ; c'est un fait consacré par l'observation et l'expérience. Cela nous rappelle une petite histoire que nous racontait souvent un professeur de littérature. Ce brave homme, dont nous gardons un bien doux souvenir, avait fait ses études avec le fils unique d'un prince de l'Inde, voisin de Pondychéri. Le gouvernement français, dans l'intérêt de notre colonie, après avoir parfaitement fait élever et instruire ce jeune homme, le renvoya dans son pays accompagné de huit à dix jeunes français ses camarades, dans l'espoir que ces jeunes gens formeraient la cour du nouveau roi et amèneraient cette contrée à nos goûts, à nos mœurs, à notre civilisation et nous en feraient un auxiliaire. Les calculs du gouvernement furent complétement déçus ; car, ces jeunes gens, au lieu de *civiliser* les sauvages, se *déci-*

2° Quant à la race.

vilisèrent et se *firent sauvages*. C'est ce qui arrive souvent à l'égard des reproducteurs que l'on importe sans discernement pour améliorer nos races domestiques. On sait, d'ailleurs, que les races du Midi prennent de la taille et du volume en passant au Nord, tandis que les races du Nord dépérissent dans le Midi. Cela vient de ce que les fourrages sont plus abondants, plus gras dans le Nord que dans le Midi.

Il suit de ces principes, que les étalons anglais introduits depuis quelque temps en France, n'ont pu et ne peuvent avoir qu'une très fâcheuse influence sur nos races méridionales surtout, attendu qu'ils ne sont pas de race ancienne, primitive, naturelle, comme les Arabes ; mais des produits factices, élevés à grands frais dans des écuries à l'abri de toute action du climat et des lieux.

3° Quant à l'âge. Il est de règle générale que tous les êtres ne se reproduisent avantageusement, que lorsqu'ils ont acquis leur entier développement, c'est-à-dire qu'ils sont parvenus à l'âge adulte.

Ainsi le *cheval* et *l'âne* ne doivent être livrés à la reproduction qu'à l'âge de *quatre à cinq ans*. Le *bœuf* de *trois à quatre*. Le *mouton* de *dix-huit mois à deux ans*, et le *porc* à *un an*.

Les femelles, généralement plus précoces, peuvent être livrées au mâle de *six mois à un an* plus tôt.

Contrairement à ces principes, quelques éleveurs et quelques vétérinaires prétendent que, livrés plus jeunes à la procréation, les animaux donnent de plus beaux produits. Cette fâcheuse théorie, secondant parfaitement la cupidité des éleveurs, s'est rapidement propagée, malgré les opinions contraires d'hommes tels que Buffon, Bougelat, Pichard et autres hippiatres recommandables.

Ces deux opinions opposées étant appuyées par des faits authentiques, Grognier les explique en disant, que les reproducteurs jeunes donnent des produits charnus et moux très propres à l'engraissement, tandis que les adultes procréent les races rustiques, vigoureuses et fortes. Les idées de Grognier sont généralement adoptées aujourd'hui, comme exactes et vraies. D'où il suit, que l'on doit employer des reproducteurs jeunes pour former des races de boucherie, et des reproducteurs adultes pour celles de travail.

Il ne suffit pas que les producteurs réunissent toutes les conditions que nous venons d'établir, il faut encore que chacun d'eux possède les qualités propres à son sexe.

4° Quant au sexe.

Ainsi le mâle doit, avec la force et l'énergie, avoir de beaux et bons membres, de forts reins, des testicules sains et développés, une verge bien conformée ; la moindre lésion ou difformité dans ces organes étant un légitime et puissant motif de réforme.

Le choix de la femelle est encore plus important que celui du mâle. Appelée à loger le fœtus pendant la gestation, à le nourrir après la naissance ; il faut, avec toutes les conditions de santé, de force et de vigueur du mâle, que la femelle ait en outre le corps long, la croupe large, le bassin ample, les mamelles saines et bien développées, les organes génitaux intacts, une grande docilité avec toute la sollicitude des bonnes mères. Il faut être rigoureux sur ces conditions si l'on veut que le produit, largement logé et abondamment nourri d'un sang et d'un lait sains et généreux, puise se développer avantageusement. On ne perfectionnera jamais nos races tant que l'on ne portera pas plus de soins aux choix des femelles. Les mâles ont fait tout ce qu'ils ont pu, quoiqu'ils n'aient pas encore fait grand'chose.

Nous ne parlerons pas de la couleur des reproducteurs sur laquelle on a dit tant de fadaises, convaincus que nous sommes qu'il y a de bons animaux dans toutes. On ne doit guère à cet égard consulter que les goûts des pays et des époques. Cependant, les couleurs régulièrement uniformes sont généralement les plus estimées. Dans l'espèce ovine, on proscrit de la reproduction tout mâle ou femelle qui porte, soit à la langue soit ailleurs, quelque tache noire, parce que l'on a observé que, dans ce cas, ils donnaient des produits noirs.

§ II.
Influence des reproducteurs.

On a jusqu'ici peut-être trop accordé d'influence au mâle dans l'acte de la génération, ce qui a fait négliger le choix des femelles et considérablement nui au perfectionnement de nos races. Nous n'entrerons pas dans les discussions expérimentales et physiologiques que cette question a suscitées et qui proviennent, selon nous, de ce que les uns ont étudié l'influence des sexes dans des races pures, les autres dans des races croisées. Dans les races pures alliées ensemble, les produits ressemblent tantôt au père, tantôt à la mère, sans qu'il soit possible d'en établir les causes ni les motifs. Quelquefois même ils ne ressemblent ni à l'un, ni à l'autre. Dans les races croisées, au contraire, il est évident que la ressemblance doit toujours être du côté du type améliorateur, à moins d'admettre qu'il n'imprime aucune modification au produit, ce qui est inadmissible; car ce serait nier le principe même du perfectionnement. Or, jusqu'ici le perfectionnement de nos races s'est fait par les mâles; donc la ressemblance, en général, doit être pour les mâles, d'où l'erreur.

En fait, il est reconnu aujourd'hui que le mâle transmet plus spécialement les formes extérieures, celles des membres surtout, ainsi que la force musculaire, l'énergie et l'aptitude au travail. *Influence du mâle.*

La femelle, au contraire, communique la taille, le volume et la forme des organes internes. Ainsi, le mulet proprement dit, ressemble à l'âne quant aux formes, et à la jument quant à la taille, et le bardeau la figure de son père le cheval, et la taille de l'ânesse sa mère. *De la femelle.*

M. Levrat, de Lausanne, a remarqué que le taureau transmettait la faculté lactifère plutôt que la vache.

Daubenton a constaté que le bélier donnait les qualités à la laine, la brebis l'aptitude à l'engraissement.

Il faut, dans tout cela, se garder de croire que ces règles soient rigoureuses; elles offrent de nombreuses exceptions; mais elles ne doivent point détruire le principe.

Importation. Lorsqu'on désire importer quelques reproducteurs, il vaut mieux introduire des mâles que des femelles. Cela est plus économique, attendu qu'un mâle peut suffire à plusieurs femelles, et que son action est plus générale que celle des femelles. D'ailleurs, le climat et la nourriture ont moins d'action sur les produits dont la mère est acclimatée ou du pays. Il faut, règle générale, faire venir les reproducteurs du Midi au Nord, et non du Nord au Midi.

Essai. Quelque connaissance que l'on ait des animaux, il est impossible de bien en apprécier les défauts et les qualités par la simple inspection des formes extérieures. Il y a en eux, comme dans l'homme, un principe immatériel, une volonté, un caractère qu'il est essentiel de reconnaître, et que l'essai, le travail seuls dévoilent : il faut donc soumettre les reproducteurs à un travail d'essai, afin de bien juger de leurs qualités physiques et morales. A l'œuvre, on connaît l'artisan.

Travail des reproducteurs. On a cru jusqu'ici, par un préjugé aussi nuisible qu'absurde, que le travail ou l'exercice nuisait aux reproducteurs. On objectait la difficulté de maintenir les mâles, le danger que courraient les femelles pleines si on les livrait au travail. Ces objections sont plus spécieuses que solides ; car tout démontre, au contraire, la possibilité, l'utilité et les avantages de ce travail, sous le double rapport de l'intérêt du propriétaire et de la beauté des produits.

« Si l'on était bien convaincu, disent Huzard et
» Grognier, de la possibilité d'employer les repro-
» ducteurs mâles et femelles aux labours, aux char-
» rois, à la selle, on se livrerait davantage à l'élève
» des animaux, et nos races domestiques se multi-
» plieraient en se perfectionnant. Car le travail sou-
» tenu est l'une des conditions de la santé; il dé-
» veloppe les forces organiques comme celles de
» relation ; il rend la digestion plus active, l'assimi-
» lation plus régulière en prévenant l'accumulation
» de la graisse; il facilite et rend plus énergiques les
» mouvements de la vie, et l'énergie reproductive
» participe à l'énergie générale. »

C'est la séquestration et l'oisiveté qui rendent généralement les mâles difficiles à conduire et à maintenir, tout en les rendant moins sûrement féconds. Dans la nature, les mâles ne couvrent le plus souvent les femelles qu'après de rudes combats, une lutte acharnée. Les Arabes ne conduisent leurs cavales à l'étalon que haletantes, épuisées par une course longue et rapide.

L'expérience comme la saine physiologie démontrent donc l'utilité, les avantages du travail des reproducteurs que l'on ne doit point nourrir des années entières inutilement. Seulement, ce travail, tout en étant régulier, doit être modéré et fait au pas lorsque la gestation est avancée. Il doit cesser pour les femelles deux mois environ avant la mise bas; cependant il est des pays d'élève, en Bretagne par exemple, où les juments font leur produit en travaillant.

CHAPITRE V.

DES PRODUITS.

Les reproducteurs étant judicieusement choisis, il s'agit de les accoupler pour les faire produire.

L'acte par lequel les animaux s'accouplent a reçu le nom de monte, saillie, ou mieux encore, accouplement. Dans l'espèce ovine, on l'appelle lutte.

L'accouplement s'opère en *liberté*, en *main*, ou d'une *manière mixte*.

L'accouplement en liberté ne se pratique guère qu'à l'égard des moutons. Il a dans les autres espèces domestiques de graves inconvénients, surtout s'il y a plus d'un mâle par troupeau ; et, s'il n'y en a qu'un, il ne s'accomplit souvent qu'à l'égard de quelques femelles que le mâle prend en affection et avec lesquelles il s'épuise au détriment de ses produits et des autres femelles. L'accouplement en liberté a en outre le grave inconvénient de rendre les appareillements difficiles, partant le perfectionnement impossible.

Tous ces motifs, et la nécessité qu'a l'homme de diriger lui-même l'accouplement pour améliorer les races, lui ont fait préférer généralement la monte er main.

Ce procédé, employé dans les haras et dépôts d'éta lons, consiste à présenter à la femelle, dûment liée et garrottée, un mâle qu'un homme conduit avec un caveçon, et qui, excité par son maître, la sent, la flaire, et finit enfin par la saillir tant bien que mal, et quelquefois bon gré malgré.

« Qui pourrait s'empêcher de rire, s'écrie Am-
» mon, auteur allemand, en voyant un tel appareil
» pour une opération si naturelle? L'acte de la re-
» production est dirigé par des valets, ajoute le pro-
» fesseur Grognier, qui introduisent eux-mêmes la
» verge dans la vulve, comme si l'animal réduit à
» la domesticité était tombé dans un tel état d'abru-
» tissement et de stupidité, qu'il eût besoin du se-
» cours et de l'encouragement de son maître pour
» accomplir cet acte. »

Les anciens hippiatres, et Lafont-Pouloti, qui les résume tous, étaient grands partisans de la monte en main. Mais les modernes, Hartmann, et les deux Huzard en tête, la réprouvent comme nuisible, dangereuse et souvent inféconde.

Nous reconnaissons avec ces savants hippiatres que la monte en main est ridicule et souvent infruc-tueuse; qu'une femelle liée et garrottée, qu'un mâle couvre par l'intermédiaire de deux valets, à la volonté de ces messieurs et non à la sienne, ne doit pas être, ainsi que le mâle, dans une disposition physique et morale très-avantageuse à la conception ni au produit qui doit en résulter. Aussi ces *prostitutions*, car c'est le mot, ne sont-elles guère que par moitié fécondes. D'un autre côté, l'accouplement forcé expose des femelles déjà pleines à recevoir le mâle, et à perdre ainsi leur fruit sans retour.

Mais, malgré tous ces inconvéniens, l'accouplement en main est indispensable dans le croisement des races, à cause de la différence de taille et quelquefois de l'indocilité des reproducteurs.

Pour obvier à ces inconvénients, les Allemands ont imaginé un procédé qu'ils appellent mixte, parce qu'il tient des deux précédents. Ils font construire une espèce de rotonde en bois, couverte ou non, et disposée comme un manège. Cette rotonde est assez grande pour que deux animaux y soient à l'aise, mais pas assez pour qu'ils puissent y courir. On y pratique une lucarne afin de surveiller et voir ce qui s'y passe. Une fois disposée ainsi, on y introduit le mâle, puis la femelle, et on les laisse ensemble jusqu'à ce que l'accouplement ait eu lieu. On déferre préalablement les animaux pour éviter les accidents, et on leur laisse toujours un licol ou attache quelconque, afin de pouvoir s'en emparer facilement. *(marge : 3ᵒ Mixte.)*

Ce procédé nous paraît le meilleur ; il réunit autant qu'il est possible les conditions d'un bon et fructueux accouplement, c'est-à-dire la liberté et la solitude. On peut le rendre encore plus économique en se servant de la première cour, du premier petit enclos venu, au lieu de faire construire une rotonde ; seulement, il devient indispensable, dans ce procédé, de faire usage du boute-en-train.

Boute-en-train ou essayeur.

Le boute-en-train est un mâle d'une race commune dont on se sert pour s'assurer que les femelles sont en chaleur et qu'elles sont dociles. Il y a danger à ne pas s'assurer de l'état des femelles, parce qu'elles peuvent blesser le mâle, au lieu de le recevoir.

Dans l'ordre de la nature, tous les animaux mâles et femelles éprouvent à certains temps de l'année le besoin impérieux de s'accoupler pour se reproduire. Cet état agit puissamment sur leur organisation ; il donne de la force au plus faible, au plus lâche du courage. Les animaux sont inquiets, agités, dédaignent les mets les plus friands et courent à l'aventure, à la recherche l'un de l'autre. Les bois et les pâturages retentissent de leurs bruyans appels, et des cris perçans, des luttes acharnées, des combats furieux que les mâles se livrent pour la possession des femelles. La nature parle si puissamment à ce moment suprême, que la mort elle-même n'en saurait arrêter un seul.

Rut ou chaleur.

Ce besoin impérieux a reçu le nom de rut dans les animaux sauvages, et celui de chaleur dans les animaux domestiques ; il se fait sentir durant le printemps de chaque année, c'est-à-dire du mois d'avril à celui de juillet. Dans les animaux domestiques, la chaleur n'offre pas une aussi grande régularité que dans les sauvages. Le genre de nourriture et l'action de l'homme la font se renouveler plusieurs fois dans la même année, selon ses besoins et ses calculs. Ainsi, les vaches vides entrent en chaleur presque tous les mois, et les brebis quand on veut, pour ainsi dire, il n'y a qu'à leur donner le bélier. On profite de ces dispositions pour combiner les naissances de la manière la plus avantageuse, eu égard au débit des produits, aux saisons ou à la nourriture.

En toute saison le mâle est disposé à couvrir la femelle, pourvu qu'elle veuille le recevoir. C'est une prérogative dont il jouit. Néanmoins, le printemps est l'époque la plus favorable à l'accouplement. La chaleur, qui le rend fécond, s'annonce dans le mâle par l'agitation, l'inquiétude, les cris ou appels aigus, éclatans. Il mange peu et boit beaucoup, erre dans les pâturages, bondit, s'élance sans motif déterminé. Le cheval gratte la terre avec les pieds de devant, et frappe de ceux de derrière; il a les yeux étincelans, les naseaux enflammés et ouverts.

Signes de la chaleur.

Le taureau menace des cornes, en frappe les arbres et les buissons, les enfonce dans la terre, qu'il jette ensuite aux vents.

A tous ces signes de la chaleur, la femelle ajoute la queue haute, la vulve rouge, tuméfiée, d'où s'écoule par intervalle une humeur visqueuse, blanchâtre ou jaunâtre que l'on appelle chaleur. Elle urine en outre plus souvent que d'habitude, et se campe encore plus fréquemment qu'elle n'urine. Elle cherche ardemment le mâle , et dans son ardeur monte sur ceux que l'homme a privés, par la castration, de leur faculté procréatrice, ou sur des femelles, comme pour leur faire comprendre ses désirs. La vache a l'œil égaré, la tête au vent, les oreilles tendues et mobiles, comme pour écouter les mugissemens du mâle ; son lait diminue, tarit et perd ses qualités.

Quoique moins apparens et moins sensibles dans l'espèce ovine, les signes de la chaleur sont à peu près les mêmes, et la présence du mâle suffit pour les développer.

Moyens d'exciter la chaleur. Il y a des femelles dans toutes les espèces qui sont constamment en chaleur. Elles sont généralement stériles, et les vaches qui offrent cette disposition sont appelées *taurellières*. Mais il en est d'autres, par contre coup, qui ne le sont jamais, ce qui a suscité une foule de remèdes plus ou moins bizarres, destinés à exciter la chaleur. Nous ne parlerons pas du *pessaire*, composé avec la fiente de moineau; du *philtre* du célèbre Thaër ; ni des *génitoires* d'un taureau gardés salés, du bon Olivier de Serres, pour les faire sentir à la vache *à ce paresseuse*. Nous dirons que cette froideur, soit du mâle, soit de la femelle, peut dépendre de trop de faiblesse ou de trop d'embonpoint. Dans le premier cas, une nourriture substantielle, échauffante, avec l'avoine, le froment, les fèveroles, assaisonnés de fenugrec, chénevis, sel, poivre et autres condimens analogues, mais surtout la présence du sexe opposé, sont les moyens généralement employés aujourd'hui pour exciter les reproducteurs. Il faut pourtant être sobre sur l'usage des dernières substances, connues sous le nom d'*aphrodisiaques*, surtout des cantharides, parce qu'elles peuvent amener les plus fâcheux résultats, et qu'une femelle trop excitée ne conçoit pas mieux qu'une trop froide. Dans le second cas, on fait disparaître, ou du moins on diminue, l'embonpoint par le travail, l'exercice, les sueurs et autres moyens connus.

Les anciens hippiatres, et surtout Constantin César et Winter, conseillent de frotter les naseaux des jumens froides avec une éponge neuve, passée sur les parties génitales d'un étalon, et *vice versa*. Ce moyen n'est pas sans efficacité.

Quoi qu'il en soit, le moment le plus favorable à l'accouplement est celui où la femelle est en chaleur. Cet état dure, dans toutes les espèces domestiques, un terme moyen de dix jours. La conception le fait généralement cesser; quelquefois l'accouplement, même infécond, produit cet effet. La chaleur n'est pas, au reste, indispensable à la conception. Elle peut avoir lieu sans elle; mais le produit s'en ressent le plus souvent, et l'accouplement n'est pas sans danger tant pour le mâle que pour la femelle. On est dans l'usage de reconduire à l'étalon les femelles spécialement destinées à la reproduction *huit jours* après la mise bas. En Hongrie, et dans certaines contrées de l'Allemagne, on les y conduit *trois*

Époques favorables a l'accouplement.

jours après. Nous pensons que la moyenne de ces deux termes est préférable.

Les accouplemens féconds peuvent-ils être annuels? Lafont Pouloti et ses prédécesseurs pensaient qu'on ne peut, sans danger, faire porter tous les ans nos femelles domestiques. Ils croyaient que l'allaitement et la plénitude nuisaient à la mère comme au produit. Ces considérations exactes au fond ne sont pas partagées par les auteurs modernes. Ils estiment, au contraire, que la gestation peut être annuelle, pourvu que les femelles soient bien soignées et bien nourries. Malgré ces autorités, nous pensons qu'un repos d'un an, toutes les *quatre à cinq* portées, serait utile, et ce qui nous le prouve, c'est que cela a généralement lieu naturellement ou accidentellement.

Le Créateur n'a pas donné à tous les mâles les mêmes forces prolifiques. Elles varient, non-seulement avec les espèces et les individus, mais encore avec l'âge. On a de tout temps beaucoup discuté sur le nombre de femelles qu'un seul et même mâle pouvait servir et féconder. Les dissidences sont grandes et nombreuses. Au lieu de les énumérer, nous les résumerons. Ainsi dans l'espèce équine, les uns vous parlent de cent cinquante jumens, les autres de vingt. Le réglement des haras en porte le nombre à trente-cinq par étalon. Au lieu de déterminer le nombre de femelles, nous préférons fixer le nombre moyen de fois que les mâles peuvent se livrer sans danger et par jour à la copulation.

Le cheval, l'âne et le taureau adultes, bien nourris, bien soignés et vigoureux, peuvent s'accoupler avec la femelle deux fois par jour sans inconvénient. C'est l'ordre suivi dans les haras et dépôts d'étalons; mais il y a des individus pour lesquels c'est trop, et d'autres pas assez. On ne saurait établir de règle fixe à cet égard. La manière dont l'acte est accompli doit servir de base. En principe, les produits sont d'autant meilleurs que le mâle est plus vigoureux, plus énergique.

Le porc mâle ou *verrat* adulte et bien portant, peut sans danger fournir quatre saillies par jour.

Les moutons et les chèvres vivant en troupeaux, et la lutte ou accouplement se faisant en liberté, il serait difficile de déterminer le nombre de fois que les mâles peuvent s'y livrer par jour. Nous sommes donc obligés de fixer approximativement le nombre de femelles.

Il y a des agriculteurs qui donnent jusqu'à *deux cents* brebis à un seul bélier. Daubenton fixe ce nombre à *quinze ou vingt*; mais Morel de Vindé, Huzard père et Tessier, le fixent à *trente ou quarante*. Ce nombre nous paraît le plus rationnel, le plus favorable.

Il est de bon principe de tenir les mâles séparés des femelles, de ne les réunir qu'au moment de l'accouplement. Dans les moutons on a ainsi l'avantage de voir les agneaux naître presque tous en même temps. A cet effet, on met dans le troupeau, quelques jours avant la lutte, un bélier médiocre avec un tablier sous le ventre afin qu'il ne puisse point saillir. Sa présence prépare les femelles à recevoir ardemment et avec plaisir le mâle qu'on leur destine.

Conception.La conception est un acte vital, résultant d'un accouplement fécond qui détermine dans la matrice de la femelle le développement d'un ou plusieurs *embryons*, selon les espèces et les circonstances. Un embryon est le rudiment d'un être animé. On l'appelle fœtus, lorsque toutes ses parties sont assez développées pour être visibles et distinctes.

Le Créateur ayant couvert la conception d'un voile impénétrable, il n'est pas de question que la témérité humaine ait autant fouillée, agitée, brouillée, sous prétexte de l'éclaircir. On a porté le scalpel, le microscope, l'alambic dans les organes de la génération. On y a vu des animaux et des choses de toute sorte. On a fait à cet égard de nombreux systèmes, écrit beaucoup de volumes, mais le mystère n'en est pas resté moins inexplicable. Dieu a voulu garder le secret de son œuvre; il doit avoir eu ses motifs pour cela. *Fiat voluntas tua.*

Que les êtres animés proviennent donc des animalcules spermatiques, comme le veulent les *Vivinistes*, ou bien de petits œufs détachés de l'ovaire par l'*auréoséminalis* du mâle, selon les *ovinistes*; cela nous importe peu. Nous abandonnons aux savants ces curieuses, mais assez inutiles dissertations. Nous nous bornerons à dire que la conception fait généralement cesser les chaleurs; qu'au lieu de faire courir, de battre,

de tourmenter les femelles, ou de leur jeter des seaux
d'eau froide sur les reins, immédiatement après la
copulation, ainsi que le recommandent les anciens
hippiatres, il vaut mieux les laisser un instant tranquilles, solitaires, dans un lieu convenable, obscur,
à l'abri de toute fâcheuse impression. Il est quelquefois bon de les saigner, lorsqu'elles sont trop vives,
trop ardentes. La conception est d'autant plus sûre que
les femelles sont mieux disposées, en bon état, sans
être grasses, et livrées à un travail ou exercice jour-
nalier. Ce n'est qu'à la suite de longues et véhémen-
tes courses que les Arabes présentent leurs fières
cavales à l'étalon.

On appelle gestation, le temps pendant lequel les
femelles des mammifères portent le produit de la conception.

§ II.
Gestation.

Nous ignorons entièrement les rapports de la vie
du fœtus avec la vie de la mère quoique nous en
connaissions les instruments matériels. Nous savons
bien que le fœtus est enveloppé de membranes appelées
placenta, chorion, allantoïde ; qu'il flotte et nage dans
les eaux de l'*amnios* suspendu par le cordon ombilical qui l'unit à la mère ; mais comment tout cela a-t-il
lieu ? le produit vit-il de la vie de la mère ? en per-
çoit-il les impressions ? se ressent-il de ses passions ?
peut-il être modifié par elles ? Toutes ces questions sont
insolubles, malgré les *contes* qui ont cours à cet égard ;
car, quoique entièrement lié à la mère, le fœtus en
est jusqu'à un certain point indépendant, puisqu'il

peut être malade et même mourir, sans qu'elle le sente ou s'en doute le plus souvent.

Signes de la gestation. Avant la moitié du terme environ de la gestation, il est fort difficile de s'assurer de la plénitude de nos femelles domestiques. Le refus du mâle, la cessation des chaleurs, la mollesse et l'inaction, l'abondance des urines, le développement du ventre et des mamelles, ne sont que des signes *probables*. La certitude ne peut être donnée que par l'exploration du bassin, ou par les mouvements du fœtus, perçus au travers des parois du ventre. Mais l'exploration du bassin n'est pas sans danger, et on n'y doit recourir que dans les cas d'urgence. On la pratique, en introduisant, par l'anus, le bras huilé ou graissé et les ongles préalablement coupés. Le bras ainsi préparé est introduit dans le rectum ; on presse sur le fond de l'intestin, et l'on s'assure ainsi de la plénitude ou de la vacuité de la matrice que l'on sent sous la main.

Comme ce moyen n'est pas, avons-nous dit, sans danger, il vaut mieux attendre que le fœtus s'annonce par des mouvements que l'on perçoit très-bien, en mettant la main au bas du flanc droit, contre le ventre, lorsque la femelle vient de manger et surtout de boire de l'eau froide. A cet effet, on se place contre le côté droit de la bête, le dos tourné en avant, et l'on met la main droite sur les reins pendant que l'on presse le dessous du ventre avec la gauche.

TABLEAU

*e la durée de la gestation, comparée à celle de la vie
dans les animaux domestiques (1).*

ESPÈCES.	GESTATION. TERME LE PLUS			DURÉE ordinaire de la vie.		
	court	ordinaire	long.			
	jours	jours.	jours.	ans.		
Juments.	287	330	419	20	à	25
Anesses.	305	380	391	20	à	25
Vaches.	240	270	321	15	à	20
Brebis.	146	150	161	10	à	15
Chèvres.	140	150	160	12	à	16
Truies.	109	126	143	10	à	15
Chiennes.	55	60	63	10	à	15
Chattes.	48	50	56	10	à	15
Lapines.	20	28	35	10	à	12
Dindes de Canes. . .	24	27	30	10	à	15
couvant de Dinde. . .	24	26	30	10	à	12
des œufs de Poule. . .	17	24	28	10	à	12
Poules couvant de Canes.	26	30	34	10	à	12
des œufs de Poule.	19	21	24	10	à	12
Canes.	28	30	32	12	à	14
Oies.	27	30	33	12	à	14
Pigeonnes.	16	18	32	12	à	14

Durée de la Gestation.

(1) Ce tableau est emprunté à Grognier.

Soins à donner pendant la gestation.

Les femelles pleines doivent être logées dans de bonnes étables ou écuries, à l'abri de toute fâcheuse influence et loin des mâles. Il faut les panser régulièrement; les nourrir d'aliments nutritifs et de facile digestion, afin que le sang soit riche et que le fœtus en reçoive la salutaire influence. Pour elles, tout travail doit cesser un mois avant la mise bas et n'être repris qu'un mois après. On doit avoir le soin d'éviter qu'elles se heurtent nulle part ou qu'elles aient le ventre serré par les sangles, harnais ou brancards. L'exercice, le travail leur sont salutaires, l'inaction nuisible. M. Hamont prétend que les bédouins arabes ont pour principe de ne pas ménager leurs jumens qu'ils montent jusqu'au *neuvième* mois de la gestation. Ils prétendent que pour donner de bons poulains les jumens pleines doivent courir.

On devra, contrairement au préjugé assez généralement répandu, saigner les bêtes pleines toutes les fois qu'elles en *auront besoin*; mais à plusieurs reprises, plutôt qu'abondamment en une seule fois.

§ III.

Parturition ou mises bas.

La gestation se termine par la parturition, qui est l'acte par lequel le produit de la conception est expulsé de la matrice.

Signes précurseurs.

Cet acte éminemment naturel, appelé en général part, parturition, mise bas, prend les noms de vêlage dans l'espèce bovine, agnelage dans l'ovine, etc. Il s'annonce le plus souvent par la lourdeur de l'animal, la difficulté de la marche, l'affaissement du ventre, le gonflement des mamelles, la turgescence, la

ilatation de la vulve , d'où s'écoule par interval-
es, une espèce de matière muqueuse, filante, blan-
hâtre ou jaunâtre ; enfin, la bête s'agite, se couche ,
e relève , etc.

A la première apparition des signes certains d'une
arturition prochaine , on doit s'empresser de con-
uire les femelles dans une stalle séparée, spacieuse,
n peu obscure, mais saine , aérée et amplement
ourvue d'une bonne litière. On doit les laisser seu-
es , libres de tout lien , de toute attache ; le calme,
a solitude et l'obscurité étant les premières conditions favorables au part. Les curieux et les prétendus accoucheurs doivent être rigoureusement écartés, expulsés, un homme intelligent et sage suffit
pour veiller et aider au besoin, ou appeler les secours
de l'art si le part était anormal.

Le part est normal quand il est régulier, naturel,
et anormal lorsqu'il est irrégulier , contre nature.

Dans le part normal ou naturel , après quelques
minutes de douleurs et d'efforts d'expulsions, on voit
apparaître , entre les lèvres de la vulve , une espèce
de poche membraneuse comme une vessie , qui contient un liquide et qu'il faut se garder d'ouvrir parce
que ce liquide sert à humecter, huiler les parties,
et rend le part plus facile. Quelquefois cette poche
s'ouvre d'elle-même, et l'on aperçoit alors les pieds
des membres antérieurs du fœtus sur lesquels repose
la tête , le museau en avant. Arrivé à ce point, le
part n'offre plus de difficultés, la mère n'ayant que

quelques efforts plus ou moins violens à faire pour expulser entièrement son fruit. Il arrive quelquefois que le fœtus se présente d'une manière opposée, c'est-à-dire qu'il présente les pieds postérieurs, au lieu des antérieurs. Cette position n'est généralement pas dangereuse, seulement elle rend le part plus pénible. Mais cet acte n'offre pas toujours une marche aussi régulière, une aussi grande facilité. Dans tous les cas, lorsque la bête souffre depuis quelques temps et qu'on n'aperçoit malgré cela ni les enveloppes, ni les extrémités de membres, on oint sa main d'un corps huileux ou gras, après avoir bien coupé ses ongles, et on l'introduit dans le vagin pour s'assurer de la position du fœtus. S'il vient bien, c'est-à-dire s'il présente la tête ou les membres, soit antérieurs, soit postérieurs, on laisse faire. Cependant, on peut, si le part se prolonge, ou que la bête paraisse fatiguée, saisir avec la main les membres du fœtus et opérer de légères tractions, coïncidant avec les efforts expulsifs de la mère ; mais il faut que cela se fasse sans secousses, avec ménagement et régularité. Le plus souvent, le fœtus ou la mère rompent les enveloppes. Le cordon ombilical se déchire lorqu'elle se relève, si elle a mis bas couchée, ou lorsque le fœtus tombe, si elle met bas debout. Si ces choses n'ont pas eu lieu ainsi, la femelle déchire le cordon avec les dents ou bien on la supplée au moyen de ciseaux, avec lesquels on coupe ledit cordon à trois ou quatre pouces du ventre du petit. Il n'est généra-

ement pas besoin de le lier ; si cependant on s'aper-
cevait que le produit perd trop de sang, on procé-
lerait à la ligature du cordon au moyen d'un bout de
ficelle ou d'un simple fil, selon l'espèce d'animal.

Toute marche, tout phénomène, toute position du fœtus contraires à ceux que nous venons d'éta-blir, annoncent et constituent un part anormal ou contre nature. Il faut s'empresser, dans ce cas, d'ap-peler un vétérinaire ; car, lorsque les études et l'ex-périence ne suffisent pas toujours pour triompher, sans fâcheux résultats des parts anormaux, que se-rait-ce des tentatives d'une ignorance stupide, mais téméraire, effrontée !

Nous avons vu que la durée de la gestation n'était pas toujours identique ; qu'elle variait de quelques jours dans les femelles d'une même espèce ; d'où il résulte que l'on appelle prématuré le part qui a lieu avant l'époque ordinaire, et tardif celui qui n'arrive qu'après cette même époque. Il y a des exemples as-sez extraordinaires de part tardif. Ainsi, Grognier parle d'une vache qui aurait porté *un an*. Hurand pè-re, d'une autre dont le part n'aurait eu lieu que *deux ans* après l'accouplement, et enfin, Hazard fils cite une brebis qui aurait porté *trois ans*. Dans tous ces cas, le fœtus est mort et momifié, c'est-à-dire des-séché. Les exemples de part tardif sont plus rares dans l'espèce équine.

Le part accidentel déterminé par une cause anor-male connue ou inconnue, et donnant naissance à un

Part contre nature ou anormal.

Part prématuré, tardif.

Avortement.

produit qui n'est pas viable, **a** reçu le nom d'avortement.

On appelle délivrance, l'expulsion des enveloppes
du fœtus, qui ont encore reçu les noms de lit, délivre,
arrière-faix. L'arrière-faix sort le plus souvent avec
le fœtus. Quelquefois il demeure attaché à la matrice,
et n'est expulsé que par de nouveaux efforts. Si quarante-huit heures après le part, le délivre n'est pas
sorti, il faut appeler un vétérinaire pour en provoquer l'expulsion ou l'extraire. Il y a des femelles qui
mangent le délivre.

Quoique les jumens, les vaches et les brebis soient
naturellement *unipares*, c'est-à-dire qu'elles ne donnent qu'un produit par gestation, il arrive quelquefois qu'elles en font deux et même trois. Ces faits
constituent la multiparité, qui est naturelle aux chien-
nes, chattes, truies, etc. Mais lorsque les produits
multipares naissent à de longs intervalles ou qu'ils ne
sont pas tous à terme, que l'un est plus âgé que l'autre, il n'y a pas seulement multiparité, mais superfétation. La superfétation s'entend de la conception
d'un nouveau fœtus pendant le cours d'une gestation,
tandis que la multiparité provient d'une seule et même conception.

Les anciens ne croyaient pas à la superfétation.
On n'y croyait guère encore il y a deux siècles. Il
était accepté qu'une femelle pleine ne pouvait plus
concevoir, et lorsqu'il survenait deux produits dans
les femelles unipares, que l'un était beaucoup plus

ormé que l'autre , on s'évertuait à trouver des rai-
ons pour expliquer , au point de vue de la multi-
arité , ces faits , ces anomalies. Mais une femme
réole ayant accouché , dans les colonies , d'un en-
ant blanc et d'un enfant noir, il fut difficile de dou-
er plus long-temps de la superfétation, en présence
le ce fait et des aveux que fit cette femme , d'avoir
eu des rapports avec un homme blanc et un homme
noir.

La multiparité n'étant pas naturelle aux jumens , **Monstres.**
vaches et brebis , il arrive quelquefois dans ces cas
que les germes ou embryons se touchent, s'unissent,
se confondent dans leur développement, et donnent
naissance à ces produits bizarres, informes que l'on
appelle *monstres* , et qui ont donné lieu à tant de fables, de préjugés absurdes et ridicules. C'est là la
cause réelle de tous ces êtres à sept pattes , deux têtes , trois yeux , etc. , etc.

Le part étant terminé, on bouchonne et couvre **Soins à la mères**
convenablement la mère, et on lui offre de l'eau tiè- **et au petit aprè le part.**
de, blanchie avec la farine d'orge ou de froment. Si
le part a été laborieux, pénible, que la bête soit faible, fatiguée , on peut lui donner du vin tiède, seul
ou en soupe , en quantité proportionnée à la taille
et à l'espèce. Cela ne doit pas être un repas, mais
un breuvage. Huit à dix heures après , on doit lui
donner une dernière ration de bonne nourriture.

Le produit étant débarrassé de ses enveloppes , on
doit le placer sur une litière fine et bonne, et le faire

lécher par la mère. Si elle si refuse, on saupoudr
le petit de sel, de sucre, de farine ou autre friar
dise pour l'y engager, l'action de la langue l
donne beaucoup de force tout en l'essuyant. Si cet
action ne peut être faite par la mère, on y supplé
au moyen d'un linge de laine chaud, dont on fric
tionne le petit animal. Quelques heures après la nais
sance, les produits robustes tètent leur mère. Il fau
dans le cas contraire, les y aider, leur faire coule
du lait dans la bouche pour les exciter et les forti
fier. On y parvient aisément. On ne doit jamais, :
moins que la mère soit méchante ou chatouilleuse
prendre des moyens coërcitifs pour la contenir. Il n
faut point non plus traire les femelles après le part,
sous prétexte que le premier lait nuit aux produits.
Ce préjugé, trop généralement répandu, est plus
nuisible que l'on ne croit, et nous ne saurions assez
nous élever contre lui. Le premier lait des mères, ou
colostrum, donne en effet la diarrhée aux petits, mais
cette diarrhée est salutaire, attendu qu'elle débarrasse les intestins ou boyaux des matières appelées
méconium qu'ils contiennent, et les rend ainsi aptes
à remplir les importantes fonctions qui leur sont destinées.

Dans les pays d'élève, où les pâturages sont nombreux, étendus, le part a le plus souvent lieu en
plein air, la nuit comme le jour. Il est dès lors difficile de prodiguer aux mères, comme aux petits,
les soins que nous venons d'énumérer. Aussi, les

crivains spéciaux s'accordent-ils à engager les propriétaires à construire dans les pâturages, des hangars
ou de simples abris, selon les climats, où les femelles puissent se réfugier pour mettre bas.

Dans tous les cas on doit, après la naissance, s'assurer de la bonne conformation des produits ; voir
s'ils n'ont pas quelque difformité ou anomalie à laquelle l'art puisse remédier immédiatement ; telles,
par exemple, que l'occlusion de l'anus, des yeux.
Ensuite on les inscrit sur un registre à ce destiné,
avec leur nom et leur généalogie. C'est là le moyen
d'arriver au perfectionnnement des races, sans désordre ni confusion. Les Arabes inscrivent la généalogie de leurs chevaux avec un soin scrupuleux et
une pompe toute orientale.

Voici la traduction d'un de ces actes :

« **Au nom de Dieu le miséricordieux**, c'est de lui que nous at-
» tendons assistance et protection.
» Le prophète a dit :
» Que mon peuple ne s'assemble jamais pour commettre des ac-
» tions illégitimes.
» Voici l'objet de ce document authentique : Nous, soussignés,
» déclarons devant l'Etre suprême, attestons, affirmons et jurons
» par nos destinées et par nos ceintures, que la jument N, âgée de
»   , marquée de   , descend au troisième degré et en ligne
» directe d'ancêtres nobles et illustres, attendu que sa mère est
» de la race NN, et le père de la race N G, et qu'elle a toutes les
» qualités de ces nobles créateurs, dont le prophète a dit : Leur
» sein est un coffre d'or, et leurs cuisses un trône d'honneur. En
» vertu du témoignage de nos prédécesseurs, nous assurons encore
» une fois que la jument en question est aussi pure d'origine et sans
» mélange que le lait, et nous attestons par serment qu'elle est cé-

» lèbre par la rapidité de sa course.et son habitude à supporter le
» fatigues , la faim et la soif. Dieu est le meilleur de tous les té
» moins. »

§ IV.
Allaitement et sevrage.

La femelle qui a mis au monde un être quelconque n'a fait que la moitié de son œuvre ; car il ne suffi pas de donner l'existence, il faut encore la maintenir, la protéger jusqu'à-ce que l'être nouveau puisse se suffire à lui-même. C'est là l'œuvre de la maternité , œuvre que l'allaitement poursuit et complète. Nous ne définirons pas l'allaitement, il nous suffira de dire qu'il est naturel , étranger ou artificiel.

Allaitement.

L'allaitement naturel est celui qui est fait par la mère propre. Lorsque par la mort de cette dernière , ou par tout autre motif, le produit est allaité par une autre femelle, l'allaitement est dit étranger ou d'adoption. Pour amener cette nouvelle mère à aimer et chérir son fils d'adoption, il faut, dit Brugnone, le frotter avec le délivre de celui qu'elle a perdu, ce qui n'est pas toujours facile. Daubenton prétend qu'il suffit de le frotter avec le cadavre.

On appelle artificiel , l'allaitement qui ne se fait pas selon la nature, c'est-à-dire qui a lieu au moyen de biberons ou autres instruments et avec du lait d'autres espèces, ou des liquides destinés à le remplacer, ainsi que nous le verrons bientôt.

Durée de l'allaitement.

L'allaitement une fois commencé, se continue, à moins de circonstances particulières, jusqu'à six mois pour nos grands animaux. Durant toute cette période, la mère doit être bien soignée , bien nourrie de bons liments, afin que le produit trouve dans la qualité comme dans la quantité du lait, tous les éléments né-cessaires à un beau développement. Il faut bien se persuader que l'avenir du produit dépend en général de l'allaitement. On ne doit donc rien négliger à cet égard.

Les aliments verts sont ceux qui donnent le plus de lait et le meilleur. Cependant, comme les mères peu-vent et doivent être livrées au travail pendant l'allai-tement, le vert ne leur suffisant pas, il faut leur don-ner en même temps des racines et des farineux ou des grains concassés. Les Anglais font dans ce cas un très-grand usage de ce qu'ils appellent *masche*. C'est un mélange d'un tiers d'avoine, sur deux tiers d'orge concassés, sur lesquels on verse de l'eau bouillante et que l'on donne ensuite tiède aux juments après en avoir retiré l'eau..

Les *masches* donnent un lait abondant et de bonne qualité. Elles sont surtout utiles aux nourrices qui, par des circonstances quelconques, sont nourries au sec.

Pendant les deux premiers mois de l'allaitement, les produits ne font guère usage que de lait. Après ce temps, ils commencent à brouter le bout des herbes les plus tendres, s'ils vont au pâturage, ou le foin le plus fin s'ils restent à l'écurie. Il est bon de favoriser ces dispositions, en leur offrant quelques brins de fourrage choisi, afin que le sevrage soit plus aisé, moins sensible.

Sevrage.

Nous avons dit que l'exercice ou le travail étaient utiles aux mères; il le sont peut-être encore plus aux produits. Le travail ne doit commencer, pour l'un comme pour l'autre, qu'un mois environ après le part et par un beau temps. Dans la promenade ou l'exercice, comme au pâturage, les produits peuvent sans inconvénient suivre la mère. Mais il n'en saurait être ainsi au travail, à cause des accidens qui pourraient en résulter. Il faut nécessairement, dans ce cas, si l'on a plusieurs produits, les mettre ensemble au pâturage ou dans des parcs, et si l'on n'en a qu'un, l'enfermer dans un local convenable, un peu sombre et assez spacieux, pour qu'il puisse y prendre de l'exercice sans s'y blesser. Ces séparations quotidiennes et momentanées des produits avec les mères, ont l'avantage d'amener insensiblement et sans peine, la cessation de l'allaitement, c'est-à-dire le sevrage, qui s'opère pour ainsi dire, de lui-même, sans secousse, sans brusquerie. Agir autrement, c'est-à-dire séparer subitement les mères des petits, les priver tout-à-coup du lait et de la vue, c'est s'exposer à de fâcheux résultats. Le lait peut faire du mal à la mère, et le petit souffrir de cette brusque transition, en même temps qu'il peut dans son inquiétude se heurter, se blesser contre les corps environnants et se déprécier à jamais.

On n'élève guère dans l'espèce bovine que les individus destinés au travail. La plupart des produits sont sevrés un mois environ après leur naissance, ou al-

ités artificiellement, afin de pouvoir disposer de tout
lait des mères. Aux environs des grandes villes, les
aches sont plutôt destinées à donner du lait que des
eaux. Cela est si vrai, qu'on a été jusqu'à les châtrer
rès le part, pour qu'elles ne revinssent plus en cha-
ur, et que le lait durât longtemps, toujours, s'il
ait possible. Il paraît que cela a réussi. On parle de
aches châtrées qui ont donné un lait abondant et dé-
cieux pendant cinq et six ans. C'est M. *Thomas Win*,
griculteur américain, qui a imaginé et préconisé ce
rocédé. Voilà donc les vaches transformées en machi-
es à lait. Et puis l'on dira que nous ne sommes plus
u temps des miracles.

En attendant que ce procédé se généralise, les
pectateurs des grandes villes élèvent et engraissent
es veaux de boucherie, de la manière suivante : Cinq
à six jours après la naissance, on exerce le petit veau
à sucer le bout d'un bâton ou le bout du doigt, enve-
loppés d'un linge imbibé de lait. Quand le petit animal
est fait à cet exercice, ce qui n'est pas long, on met
le lait dans un vase au fond duquel on plonge la main
dont on fait sortir le doigt enveloppé au-dessus du liquide. On présente alors ce vase au jeune veau qui
prend immédiatement le doigt que l'on descend insensiblement, jusqu'à ce que le petit animal ait les
lèvres dans ce lait qu'il s'habitue ainsi à boire. Une
fois cette habitude contractée, et quelques jours, ai-
dés de la faim et d'un peu de patience suffisent, on
substitue au lait de la mère, du mauvais lait ou d'au-

Engraissement des veaux sans lait.

tres mélanges, tels que petit-lait, eau blanchie avec la farine, bouillie de fécule de pomme de terre, de pulpe de betteraves, de carottes, etc. Cette espèce d'allaitement ou de nourriture artificiels paraissent engraisser très-rapidement les veaux de boucherie. M. Labbé parle d'une génisse de cinq jours, nourrie avec la pulpe de carotte bouillie dans l'eau et mêlée à une égale partie de lait pour le premier jour. Le second, il augmenta la quantité de pulpe et d'eau, en diminuant d'autant celle de lait jusqu'au onzième jour où il n'y en avait plus. Après vingt jours de cette nourriture, il fut obligé de la modérer, parce qu'elle poussait trop à la graisse, l'animal n'étant pas destiné à la boucherie.

M. de Saint-Aubin substitue à la pulpe de carotte l'infusion de foin; qu'il administre comme M. Labbé, en la mêlant d'abord avec le lait qu'il fait disparaître insensiblement. L'infusion de foin, autrefois recommandée par le célèbre Parmentier et autres agronomes, est généralement employée aujourd'hui en Allemagne et en Angleterre.

Soins des mères et des petits après le sevrage. Si, comme nous le recommandons, le sevrage se fait insensiblement, peu à peu, les mères ni les petits ne demandent presque aucuns soins. Dans le cas contraire, il est important de veiller à ce que le lait ne fasse point de mal aux mères, qu'il ne s'accumule point dans les mamelles où il pourrait déterminer des engorgements, des tumeurs plus ou moins graves. A cet effet, on fait traire de temps en temps les mères;

on les soumet à une diète plus ou moins rigoureuse, selon les cas ; on leur administre même de légers purgatifs, sels de magnésie, de soude, etc.

Quant aux petits, il faut les surveiller attentivement, et cette surveillance doit être exercée par un homme bon, patient et sage, qui puisse et veuille, par de bons soins et des caresses, les consoler pour ainsi dire de la perte de leur mère. On profite généralement du sevrage pour réunir les jeunes animaux en troupe, pour les placer dans des stalles particulières, selon les espèces, deux à deux, trois à trois, etc. Ils se font compagnie, et le souvenir de la mère passe plus vite.

Le régime des jeunes animaux sevrés doit être substantiel et léger ; il se compose de bon fourrage vert ou sec, mais en petite quantité. Les racines cuites, pommes de terre, carottes, raves, navets, etc., ou les farines, les grains concassés leur conviennent parfaitement. L'eau fortement blanchie avec les farines d'orge, de froment ou de seigle leur est indispensable ; elle simule jusqu'à un certain point le lait, et ces animaux en sont très-friands. Ils boivent d'ailleurs plus qu'ils mangent.

Le sevrage est, en outre, le moment favorable pour habituer les jeunes animaux au licol et à l'attache. On commence par leur mettre une corde au cou, ensuite on les attache un moment pendant qu'ils mangent des gourmandises. On prolonge peu à peu ce temps, jusqu'à-ce qu'il soit définitif. Attacher un jeune animal du premier coup, c'est l'exposer à se tuer ou se déprécier à jamais. Dans l'éducation des animaux comme dans celle de l'homme, une longue patience et une persévérance éclairées peuvent seules amener à bonne fin. On n'apprend jamais bien ce que l'on fait par force.

§ V.
Soins et Education des animaux depuis le sevrage jusqu'à l'age adulte.

Après le sevrage, les animaux sont nourris au pâturage, à l'écurie, ou simultanément à l'écurie et au pâturage.

L'élève au pâturage, quoique fort économique, a l'inconvénient de trop soustraire les animaux à l'influence de la domesticité et de l'homme, qui ne peut en diriger ni le régime ni la reproduction. Aussi le perfectionnement des animaux élevés ainsi, est-il impossible, et sont-ils tous petits, peu développés, généralement indociles, quoique forts et robustes.

Régime des produits.

Ce mode d'élever les animaux, nécessitant de grandes étendues de prairies, n'est guère praticable en France.

A l'écurie, l'élève se fait mieux ; l'animal est entièment sous la puissance de l'homme. Il le nourrit et l'accouple selon ses vues, le manie, le dresse, l'enseigne ; il l'identifie entièrement à sa personne. Mais l'écurie prive trop les animaux d'air, de soleil et surtout d'exercice, et ils *pourrissent* à l'attache, pour nous servir d'un vieux mot d'éleveur. On réunit donc les avantages de ces deux méthodes et l'on suit le régime mixte, c'est-à-dire qu'on soigne, nourrit les jeunes animaux à l'écurie, et qu'on les abandonne ensuite tous les jours de beau temps dans les pâturages où ils prennent l'air et le soleil, et où ils se livrent en outre, à toutes sortes d'exercices. Ils courent, sautent, gambadent à loisir, c'est là leur gymnastique ; il faut se garder de les en priver, nous ne ferions qu'y perdre.

Quoi qu'il en soit, et quelque régime que l'on adopte, il est important, dès la seconde année, de séparer les jeunes animaux par troupeaux de sexe et d'âge égal, afin d'éviter des accidents et des accouplements prématurés. Il faut, en outre, commencer leur éducation, c'est-à-dire les habituer à la brosse, à la couverture, à donner le pied, à s'y laisser frapper dessus, à supporter, en un mot le pansage, dont l'influence est si salutaire à leur développement.

La nourriture des jeunes animaux doit être, pendant toute la période d'accroissement, saine, abondante et surtout très-nutritive sous un petit volume, afin d'éviter le développement excessif du ventre. Des grains de toute espèce remplissent admirablement ce but. Aussi, dit-on généralement des chevaux que leur taille est dans le coffre à avoine. Les Anglais la donnent concassée aux leurs, dès l'âge de trois mois. C'est en vain qu'on a prétendu qu'elle prédisposait à la fluxion périodique. L'expérience a démontré la fausseté de cette assertion. Après le sevrage, on joint très-avantageusement aux grains concassés les racines cuites et les fourrages verts. Cette alimentation convient même à toutes les époques et à tous les âges. Les Arabes ne nourrissent leurs superbes coursiers que de dates, d'orge et de lait. Nous ne saurions trop insister sur les avantages d'une nourriture substantielle. C'est en elle que réside l'avenir des animaux.

Éducation. Mais il ne suffit pas de bien nourrir et de bien soigner les jeunes animaux ; il ne suffit pas de leur laisser prendre librement tout l'exercice nécessaire à un beau et vigoureux développement, il faut encore faire ou compléter leur éducation, c'est-à-dire régler cet exercice, former leurs allures, les dresser au travail auquel on les destine ; en un mot, leur enseigner leur futur métier. Cette éducation doit être lente et progressive. Aussi, à la couverture dont nous avons déjà parlé, on substitue la selle ou le bat, puis les harnais, la bride, enfin, on les monte, on les attèle, on les exerce à la selle ou au trait. Il est essentiel que l'éducation commence de bonne heure et se prolonge plus longtemps. Les animaux sont plus dociles et moins sensibles au premier travail. Le travail ne doit guère commencer avant l'âge de trois ans ; il faut même le proportionner à la taille, à la force, au tempérament de l'individu.

L'éducation ne saurait jamais être assez complète pour les chevaux destinés à la selle et surtout à la guerre. La grande supériorité des chevaux de remonte allemands vient de ce qu'ils sont, pour ainsi dire, faits aux exercices et aux évolutions militaires chez le propriétaire. Arrivés dans les régiments, ils ne sont presque pas sensibles à ces exercices, tandis que la moitié des nôtres y succombent. Il serait pourtant si facile aux éleveurs d'atteindre ce résultat. Au lieu d'exercer leur chevaux à la longe, ils n'auraient qu'à avoir un petit garçon de *quinze à seize ans*, intelligent et hardi, qui monterait leurs jeunes animaux pour les exercer et les rompre insensiblement, graduellement à la fatigue. Cet exercice serait favorable à leur santé et à leur travail futur.

Ici se présente une question assez grave, celle de la castration. Les opinions pour et contre ne manquent pas. Les uns s'étayent de l'autorité, de l'usage des anciens et des orientaux, qui ne châtrent jamais leurs animaux et qui ne les ont pas moins dociles. On sait que nos chevaliers du moyen-âge auraient rougi de monter un cheval hongre, en d'autres termes, châtré. Les autres s'appuient sur les difficultés de l'usage d'animaux entiers; ils invoquent les dangers qui pourraient en résulter. Enfin l'usage des temps et des peuples modernes se prononce pour la castration; mais à quel âge doit-on la pratiquer? Ici même divergence d'opinion, mêmes raisons de part et d'autre. Au lieu de nous jeter dans ces discussions, nous dirons que la castration des grands animaux se pratique, selon les circonstances, à *l'âge de deux* à *trois ans*, et celle des petits, de *quinze jours* à *six mois*. La castration faite de bonne heure est moins dangereuse; elle n'empêche pas le développement des animaux lorsqu'ils sont bien nourris et bien soignés, et favorise singulièrement, en outre, l'engraissement.

En résumé, le bétail manque en France comme qualité et comme quantité; il importe donc de le multiplier et de le perfectionner. Pour atteindre ce double but, trois conditions sont essentielles : la première consiste à bien nourrir et à bien soigner les animaux; la seconde à se livrer, avec persévérance, aux croisements des races au moyen de bons pareillements, c'est-à-dire du choix judicieux des reproducteurs; et la troisième à proscrire les métis de la reproduction, pendant de longues années.

Nous ne saurions terminer ce traité sans engager vivement les propriétaires, fermiers, cultivateurs à se livrer à la production et au perfectionnement des races utiles dont nous manquons, mais non à celles des chevaux de course, par exemple, qui n'apportent que vanité ou déception, et dont l'entretien est toujours ruineux. Ils doivent bien se persuader que les animaux domestiques peuvent seuls sauver l'agriculture; car, seuls, ils donnent, avec leurs produits propres, laine, viande, etc., le travail et le fumier, sources évidentes de la fertilité des terres. C'est donc à produire des animaux qu'il faut tendre, ou mieux à produire des fourrages; car, point d'animaux sans fourrages, c'est là qu'est toute la question, c'est là qu'est l'avenir du pays et de la société. Qu'on y songe bien!..

PRINCIPES

D'HYGIÈNE VÉTÉRINAIRE.

———

Les animaux, comme les hommes, subissent l'influence des milieux dans lesquels ils vivent et des objets avec lesquels ils sont en rapport. Qu'ils agissent à l'intérieur ou à l'extérieur, ils finissent toujours par imprimer, dans les individus, comme dans les espèces, des modifications profondes.

Les principaux agents modificateurs de l'organisme sont : 1° les airs et les lieux ; 2° les aliments et les boissons ; 3° le pansage et le régime ; 4° l'exercice ou le travail et leurs instruments.

L'étude de ces agents, dans leur nature et leur action, constitue l'hygiène.

On l'a définie en médecine humaine, l'art de conserver la santé ; mais en vétérinaire et en économie rurale, elle est encore celui d'élever et de gouverner les animaux domestiques.

Cette définition suffit pour faire sentir toute l'importance de l'hygiène. « Mieux vaut prévenir les maladies que les guérir, » disaient les anciens. L'un est plus sûr, plus facile et moins dispendieux que l'autre. Cette maxime indique parfaitement le but de l'hygiène. C'est donc vers l'étude de cette science féconde que nous allons diriger nos efforts, trop heureux si nous pouvons amener quelques utiles modifications dans le gouvernement et l'élève de nos animaux domestiques, si mal conçus, si mal exécutés de nos jours, et diminuer le nombre des causes des maladies qui les affligent et les déciment quelquefois.

CHAPITRE PREMIER.

AIRS ET LIEUX.

L'air est l'élément de la vie ; l'agent actif de la respiration. Il agit puissamment et sans cesse sur tous les êtres vivants qu'il pénètre, anime et modifie selon sa nature et sa composition.

A l'état naturel ou normal, l'air se compose de vingt-une parties sur cent de gaz oxygène, soixante-dix-neuf d'azote, et quelques millièmes d'acide carbonique.

Mais il contient, en outre, et dans des proportions très variables, de l'eau, de la chaleur, de la lumière, de l'électricité et d'autres matières étrangères qui le modifient profondément et le rendent plus ou moins salubre.

Dans cet état de mélange, l'air forme, sous le nom d'atmosphère, cette masse fluide, transparente et mobile dans laquelle nous vivons et qui presse, enveloppe la terre de toute part jusqu'à une hauteur de *quinze lieues* environ.

L'air pur est léger, suave comme dans les bois où l'oxigène, l'élément vital surabonde. On le respire avec plaisir, on se sent à l'aise ; la poitrine se dilate sans peine, le sang circule avec facilité, la tête est libre et l'on ressent dans tout l'organisme **un bien-être** ineffable.

Malheureusement, l'air est le plus souvent modifié dans ses éléments, par l'eau, la chaleur, l'électricité, etc., ou corrompu par les émanations terrestres animales ou végétales.

Nous allons étudier successivement chacun de ces éléments, dans leurs effets les plus généraux.

Chaleur. La chaleur, principe vivificateur de la nature entière, résulte de l'action du calorique émané du soleil et répandu dans l'atmosphère. Ses effets sont en rapport avec son intensité. Ainsi, une chaleur tempérée favorise le jeu de tous les organes et communique au corps un agréable bien-être. Mais, à mesure qu'elle s'élève, les fonctions se troublent, la respiration s'accélère, le sang s'agite et tend à s'échapper au-dehors, les veines sont gonflées, les sueurs abondantes, les urines rares, l'appétit presque nul, la soif ardente, et les animaux énervés maigrissent ou tombent *pris de chaleur*, comme on dit, c'est-à-dire frappés d'apoplexie aux poumons ou au cerveau.

Tels sont les effets de la grande chaleur; **on les** prévient en tenant les animaux dans des habitations saines, bien aérées; en les nourrissant peu et d'aliments de facile digestion, tels que fourrages **verts et** racines; en les abreuvant abondamment de boissons salées ou acidulées avec le sel ou le vinaigre; **en leur** lavant souvent les jambes et la tête avec de l'eau fraî-

; en les pansant très exactement et surtout en ne
livrant au travail que le matin et le soir, tant que
chaleur est modérée.

Mais, si la grande chaleur exerce sur tous les ani-
aux une fâcheuse influence, le froid n'en exerce pas
moins funeste, quoique opposée.

Sec et modéré, le froid est très favorable à la santé
s animaux; il régularise les fonctions, donne de
ctivité aux organes, favorise surtout la digestion,
gmente singulièrement l'énergie musculaire et rend
travail le plus rude, facile aux animaux que l'on
it nourrir abondamment et abreuver peu.

Mais, à mesure qu'il devient intense, le froid, exa-
rant ses effets, prédispose aux maladies les plus
aves. C'est ainsi que, paralysant les fonctions de la
eau et des poumons, il refoule le sang à l'intérieur
y détermine des inflammations intenses et dange-
euses.

Pour paralyser les effets du grand froid, on enve-
ppe les animaux de bonnes couvertures de laine et
n les tient enfermés dans des locaux bien disposés,
ans toutefois les priver d'air, comme on en a trop
énéralement l'habitude.

Cependant, nos animaux domestiques supportent,
ans de grands inconvénients, les froids les plus ri-
oureux de nos climats tempérés, et pourtant il n'est
as de précaution qu'on ne prenne pour les en garan-
ir. On va souvent jusqu'à les étouffer dans leurs éta-
les, lorsqu'on ne fait généralement rien contre la
chaleur qui leur est cent fois plus nuisible.

<table>
<tr><td>Humidité.</td><td>L'eau contenue en vapeur dans l'atmosphère, ou qui tombe sur la terre en pluie, neige, brouillard, rosée, grêle, givre, etc., rend l'air plus ou moins humide, selon sa quantité.</td></tr>
</table>

L'humidité est essentiellement nuisible à la santé de tous les animaux qu'elle pénètre profondément par la peau et par les poumons, dont elle altère les fonctions, et communique ainsi à tout le corps une faiblesse excessive, en relâchant, ramollissant tous les tissus.

Humidité chaude. L'air humide et chaud rend la respiration difficile, infructueuse ; appauvrit le sang qui, ne stimulant pas suffisamment le cœur et les autres organes, affaiblit les animaux, les rend lents et sans vigueur. Leur corps se couvre de sueur au moindre exercice, et cette sueur n'étant pas absorbée, se refroidit sur la peau et détermine des maladies plus ou moins graves. En ralentissant le mouvement de toutes les humeurs, l'humidité chaude favorise l'engraissement, mais développe, en même temps, les œdèmes, les hydropisies et la pourriture des moutons. Sous son influence, les matières animales et végétales se corrompent, se décomposent facilement, et les miasmes, les effluves qui s'en élèvent, se répandant dans l'atmosphère, déterminent les maladies contagieuses, typhus, charbon qui, à diverses époques de notre histoire, ont ravagé nos campagnes, te fait perdre à la France pour *plusieurs milliards* de bêtes bovines.

Humidité froide. L'humidité froide a des effets non moins graves ;

elle détermine les inflammations internes et lentes,
les rhumatismes, la morve, le farcin , etc.

On combat l'influence de l'humidité en général en
couvrant les animaux de bonnes couvertures de laine;
en les tenant enfermés dans des locaux sains ; en les
brossant ou frictionnant souvent, mais surtout en les
nourrissant bien d'aliments toniques et réparateurs.

L'air sec n'est généralement pas nuisible aux animaux; il n'agit guère sur eux qu'en absorbant rapidement les vapeurs qui s'exhalent de la peau ou des
poumons.

Si l'air sec est chaud, les transpirations sont abondantes, mais peu sensibles, parce qu'elles sont absor-
bées à mesure de leur formation. Cet air dessèche les
poumons, la gorge, et rend la soif vive. Il convient
aux animaux mous et aux moutons dont il guérit les
maladies et fortifie le tempérament.

L'air sec et froid est le plus favorable à la santé des
animaux. Il les rend gais, vifs et forts, parce que
toutes leurs fonctions s'exécutent bien ; mais s'il est
trop vif, ou s'il se prolonge trop longtemps, cet air
fatigue les poitrines délicates et prédispose aux inflammations aiguës.

On corrige aisément les effets de l'air sec, chaud ou
froid, en répandant souvent de l'eau dans les habitations des animaux.

Il résulte de l'étude que nous venons de faire des
divers états de l'air, que l'état humide est le plus
pernicieux; il l'est non-seulement par sa nature, mais

encore, et surtout, parce que l'homme n'a point d'action sur lui. On comprend, en effet, que l'on puisse jusqu'à un certain point, combattre la chaleur ou la sécheresse de l'air en répandant de l'eau dans les étables; le froid, en les chauffant. Mais comment faire à l'égard de l'humidité?

Il suit de là, que l'on doit soustraire, autant que possible, les animaux à l'action de l'humidité; sous quelle forme qu'elle se présente, pluie, neige, brouillard, rosée, etc., en les tenant enfermés dans leurs habitations, bien couverts, bien pansés, bien nourris d'aliments fortifiants, et surtout en ne les laissant point manger dehors tant que l'herbe est humide, s'ils n'ont préalablement pris dans l'étable une ration quelconque de fourrages secs.

Brusques variations de l'air. — Nous n'avons pas besoin d'entrer dans des détails sur les fâcheux effets des brusques variations de l'air. On conçoit, en effet, que le corps d'un animal quelconque, qui depuis quelque temps subit, par exemple, l'influence d'un air chaud, soit profondément impressionné par le passage instantané du chaud au froid. La machine animale se prête difficilement à ces changements brusques, soudains; elle en est presque toujours dérangée, car tout se fait par transitions dans la nature.

L'homme doit donc, autant que possible, soustraire les animaux aux fâcheuses influences des brusques variations de l'air en équilibrant à peu près la température du dehors avec celle des étables, en les couvrant ou les allégeant, les nourrissant selon les circonstances.

La lumière, comme le calorique ou chaleur, émane du soleil ; c'est elle qui, répandue dans l'atmosphère, éclaire la nature entière et permet aux animaux d'y voir et de se conduire.

A part son action spéciale et directe sur l'œil, la lumière en a une puissante sur le corps de tous les êtres organisés. Ainsi, elle verdit les plantes, colore les animaux, les oiseaux surtout, de nuances vives et variées; elle leur donne à tous la force, la vigueur, la fécondité.

L'obscurité, c'est-à-dire l'absence de la lumière, au contraire, les affaiblit, les décolore, les étiole.

Que l'on compare la plante qui croît dans une cave obscure à celle qui étale au soleil ses feuilles et ses fleurs? l'homme vivant sous la voûte d'un cachot à celui qui respire librement sous la voûte des cieux !

L'un est faible, blanc, bouffi, mou, aqueux ; l'autre sec, coloré, vigoureux, plein de force et de vie.

L'obscurité facilite beaucoup l'engraissement des animaux, et cela se conçoit d'après ce que nous venons de dire. Elle convient à tous ceux qui ont des affections aux yeux, des maladies inflammatoires ou nerveuses.

La lumière excitant puissamment l'œil, il faut éviter de faire passer brusquement les animaux de l'obscurité au grand jour, comme aussi de les placer à l'écurie ou ailleurs devant des ouvertures par où entre une lumière vive, directe ou réfléchie. On a vu la cécité produite par des éclairs au milieu d'une nuit sombre.

L'électricité est un fluide que l'on ne peut ni voir, ni saisir, et qui, répandu dans l'atmosphère, produit, dans certaines circonstances, les éclairs et le tonnerre.

Ce fluide n'est guère nuisible aux animaux, à moins qu'il ne se décharge sur eux, c'est-à-dire qu'ils soient frappés de la foudre. Cependant, l'air surchargé d'électricité fatigue les animaux malades, faibles ou convalescents. Ceux même qui se portent bien témoignent, à l'approche des forts orages, par de l'inquiétude, de l'anxiété, que cet état les gêne. Il est des femelles que les éclats de la foudre font avorter, d'autres dont le lait s'altère ou tarit.

Il importe donc de rentrer les animaux à l'approche des orages, de fermer les ouvertures de leurs habitations; enfin, s'ils sont surpris dehors, de ne point les abriter sous les arbres, ni d'agiter l'air en les faisant courir.

Les ménagères sont dans l'usage de mettre du fer sous les couveuses pour éviter la mort des poussins dans les œufs; il est possible que le métal agisse en soutirant l'électricité. Des éleveurs de vers à soie, ont usé du même moyen avec avantage; on sait qu'il suffit d'un orage pour détruire une magnanerie.

Outre les effets résultant de la nature et de la composition de l'atmosphère, l'air agit puissamment sur ous les êtres créés par son poids , ou mieux la pression qu'il exerce sur eux ; c'est ce que l'on appelle pression atmosphérique.

Nous avons dit, au commencement de ce chapitre, que la terre était enveloppée, *pressée* en tout sens par une couche d'air d'une épaisseur d'environ quinze lieues.

Cette masse d'air, dans laquelle nous vivons à peu près comme les poissons vivent dans l'eau, pèse sur le corps de tous les animaux en raison de leur volume ; mais cette pression n'est pas égale partout ; elle diminue à mesure qu'on s'élève dans l'espace, et varie selon l'état de l'air, ainsi que le constate l'instrument appelé *baromètre*.

On a calculé que la pression de l'atmosphère équivalait pour un homme de taille moyenne, à un poids de 18 à 20,000 kilogrammes, et de 100 à 120 mille pour un cheval.

Eh bien ! ce poids énorme , qui semblera peut-être fabuleux à certains lecteurs, et qui nous écraserait infailliblement s'il n'était uniformément distribué sur toutes les parties du corps, et si, d'un autre côté, les liquides intérieurs, tous incompressibles, ne lui fesaient équilibre, est indispensable à l'existence de tous les êtres vivants. C'est la pression atmosphérique, en effet, qui, nous enveloppant d'une espèce de moule, conserve aux corps leur forme naturelle et maintient tous les liquides à leur place ; sans elle, le sang et les autres humeurs poussant au-dehors, distendraient la peau, gonfleraient le corps, feraient éclater leurs conduits et entraîneraient une mort inévitable; c'est ce qui arrive au poisson que l'on sort de l'eau, plus pesante que l'air; ce que l'on éprouve en gravissant le sommet d'une haute montagne, ou en s'élevant dans l'espace au moyen d'un ballon. A mesure qu'on s'élève, l'air devenant plus léger, la respiration s'accélère, le pouls s'agite, la fièvre se développe; il survient des étouffements, puis des hémorragies par le nez, la bouche, etc., et enfin la mort.

Ces effets de la pression de l'air ne se bornent pas aux animaux, ils s'étendent aux plantes, aux arbres même que l'on voit décroître et se rabougrir à mesure que l'on s'élève sur une montagne, jusqu'à ce que toute végétation cesse, toute herbe disparaît à *deux mille mètres* d'élévation.

Climats. Nous appelons climat, en hygiène, toute étendue de pays dans laquelle la température et les autres conditions atmosphériques sont à peu près les mêmes.

Les climats exercent sur les animaux une action puissante et profonde; ils en changent la taille, la forme, et surtout la couleur. On les divise en climats chauds, froids et tempérés. Ils ont les avantages et les inconvénients de la chaleur et du froid, dont nous avons déjà étudié les effets, et nous y renvoyons le lecteur, ainsi qu'à l'article climat de notre Traité de multiplication et de perfectionnement.

Sous tous les climats, l'année est divisée en qua-

tre parties égales qu'on appelle saisons. Pourtant,
ces saisons n'existent guère de fait que dans les climats tempérés, les climats très-chauds comme les très-froids n'en ayant presque qu'une.

Ces quatre saisons sont le printemps, l'été, l'automne et l'hiver. Sous notre climat tempéré, le printemps et l'automne correspondent à l'humidité chaude, l'été à la chaleur sèche, et l'hiver au froid sec ou humide.

Comme nous avons déjà fait l'étude de ces différents états de l'air, nous y renvoyons le lecteur.

Il s'élève de la terre des matières végétales et animales en fermentation ou en putréfaction, comme du corps des animaux sains et malades, des émanations qui, répandues dans l'atmosphère, en altèrent et corrompent l'air.

§ II.

Altération de l'atmosphère.

Ces émanations, sources probables des maladies les plus terribles, sont appelées :

1° *Marécageuses*, lorsqu'elles proviennent des eaux stagnantes, des vases bourbeuses des étangs, marais, mares, viviers, fossés, routoirs, desséchés par le soleil, et dans lesquelles vivent et meurent des myriades de petits animaux et de petites plantes.

2° *Putrides* ou *septiques*, quand elles résultent de la décomposition ou putréfaction d'animaux morts ou de ce qui en provient, comme voiries, tanneries, triperies, égouts, fosses d'aisance, fumiers, fabriques de colle, de chandelles, etc.

3° Enfin, *miasmatiques*, lorsqu'elles s'élèvent du corps des animaux sains ou malades.

Nous allons étudier successivement chacune de ces émanations.

Effluves. Les principes actifs des émanations marécageuses ont reçu le nom d'*effluves*. On en ignore entièrement la nature. Ils se dégagent des eaux croupissantes, des vases mises en fermentation par la chaleur humide du printemps, mais surtout de l'automne. Les effluves sont invisibles, ou se présentent sous la forme d'une vapeur légère, qui se dissipe bientôt et disparaît dans l'air.

Leurs effets varient selon l'étendue des foyers d'infection et la nature des matières qui les produisent.

Dans tous les cas, les effluves pénètrent dans le corps des animaux par les pores de la peau, par les poumons et par les aliments sur lesquels ils se déposent. Ils déterminent, plus ou moins lentement, selon les tempéramens et les circonstances, des maladies très-graves, et notamment ces épizooties terribles qui, à certaines époques, ont dépeuplé nos campagnes. On ne saurait donc trop se prémunir contre leur funeste influence, ni y soustraire les animaux en les tenant écartés de tout foyer d'infection.

Les émanations *putrides*, c'est-à-dire qui proviennent des animaux en décomposition ou de leurs produits, ont des effets à peu près analogues, et on doit prendre à leur égard les mêmes précautions.

Tous les animaux exhalent, par la respiration et par la peau, des principes qui, répandus dans l'atmosphère, agissent selon leur nature et l'état des animaux qui les ont produits.

Quand ils proviennent d'animaux sains ou affectés de maladies non contagieuses, ces principes sont appelés *miasmes;* dans le cas contraire, on les appelle *virus.*

Les miasmes sont donc les émanations qui s'élèvent du corps des animaux sains et malades.

Miasmes.

Quoique leur action soit bornée, qu'elle ne dépasse guère le local où ils ont pris naissance, les miasmes n'en exercent pas moins sur les animaux une funeste influence en altérant leur sang et donnant à toutes leurs maladies une tendance à l'adynamie, à la gangrène. Les miasmes agissant par leur quantité tout autant que par leurs qualités, il est essentiel d'en prévenir l'accumulation en séparant les animaux sains des malades, en aérant les étables, en les tenant propres et sans fumiers.

Parmi les nombreuses maladies qui affectent nos animaux domestiques, il en est qui ont la fatale propriété de se communiquer des animaux malades aux animaux sains.

Ces maladies s'appellent contagieuses et se transmettent au moyen d'un principe inconnu appelé *virus.* On ignore entièrement la nature et la forme de ces virus. Quelquefois, ils sont gazeux ; d'autres fois et même le plus souvent, liquides : ainsi, la bave dans la rage du chien ; le jettage du nez, dans la morve des chevaux ; le pus du bouton, dans le farcin du même animal, ou la clavelée (picotte) du mouton. Mais ces liquides, sont-ils le virus lui-même ou ne

Virus.

font-ils que le contenir? voilà la question que l'on n'a pu résoudre encore.

Quoi qu'il en soit, la transmission des maladies par les virus a lieu d'une manière *médiate* ou *immmédiate*, c'est-à-dire par le contact direct, immédiat d'un animal malade avec un animal sain, ou par l'intermédiaire d'un corps étranger, harnais, fourrages, habits, etc., qui transmettent le virus de l'animal malade à celui qui est sain.

Tous les corps de la nature ont la fatale propriété de conserver et de pouvoir transmettre les virus pendant de longues années. On connaît l'histoire de ces cordes qui, oubliées pendant *quatre vingts ans* dans le coffre d'une église, à Venise, et retirées sans précaution, renouvelèrent la peste et firent périr *dix mille* personnes.

Les maladies contagieuses sont toutes graves à cause de la facilité de leur propagation; pourtant, celles dont le virus est contenu dans des liquides, jettages, boutons, le sont moins en ce que l'homme, connaissant son siége, a une action plus directe sur lui; il peut en concentrer les effets en isolant, séquestrant l'animal atteint dans une étable et en le privant de tout rapport avec le dehors.

Mais il ne peut en être ainsi malheureusement de celles dont le principe contagieux, invisible, subtil, n'a point de siège connu et échappe à toute action humaine, comme dans le *typhus*, cette maladie que le fer ni le feu n'arrêtent, et qui se communique, se

opage avec une effrayante facilité, ainsi que nous
lons le démontrer.

En 1774, le typhus contagieux des bêtes à corne ré-
nait en Hollande. Un commerçant adressa à Bayonne
ne cargaison de cuirs, parmi lesquels il s'en trou-
ait sans doute quelqu'un qui, ayant échappé à la
igilance des autorités, provenait d'un bœuf atteint
e la redoutable maladie.

Eh bien! à peine ces cuirs furent-ils débarqués,
que le terrible fléau se déclara à Bayonne et dans les
nvirons; il s'étendit de là dans le Béarn, la Gascogne, le Languedoc, gagna tout le Midi de la France
et fit périr en une année environ *cent cinquante mille*
bœufs ou vaches, c'est-à-dire *vingt millions* de francs.

Enfin, on a calculé que dans les quatre épizooties
de 1713, 1740, 1774 et 1796, le typhus contagieux
a enlevé, en France et en Belgique *seulement*, environ *dix millions* de bœufs qui, estimés à *cent cinquante francs* pièce, forment une somme de *un milliard
cinq cent millions*. Que l'on juge de combien grossirait
cette somme si nous y ajoutions tout ce qu'ont perdu
dans ces mêmes années les autres États de l'Europe qui, comme nous, furent ravagés sans pitié par
ce fléau destructeur.

Ces chiffres parlent assez haut pour que nous n'in-
sistions pas davantage. Ils démontrent qu'on ne saurait assez se prémunir contre les maladies contagieuses en général, mais surtout contre le typhus,
qui se communique à de grandes distances par un

Exemples
de contagion.

cuir, un habit, les eaux d'un ruisseau dans lequel ont bu des malades, ainsi que le rapporte Buniva.

Malheureusement les moyens que l'homme peut opposer à ce terrible fléau et aux autres maladies contagieuses sont très-restreints. Ils consistent dans l'isolement, la séquestration des animaux sains et malades, l'abondance et la bonne qualité de la nourriture, les soins de pansement, la propreté des étables, que l'on lave avec l'eau chaude acidulée, et qu'on désinfecte, non avec des plantes aromatiques qui n'y font rien, mais avec les fumigations de chlore, selon le procédé de Guyton de Morveau, que nous ferons connaître plus tard. Ces moyens peuvent être efficaces contre les maladies contagieuses ordinaires, ils ne doivent même pas être négligés à l'égard du typhus, malgré qu'ils soient impuissants contre ce fléau, que l'assommement général, recommandé par Vicq-d'Azyr et autres auteurs, ne peut arrêter.

§ III.
Lieux.

Les lieux que les animaux habitent agissent sur eux par l'atmosphère, par la qualité et la quantité des eaux, par la nature du sol et des plantes ou fourrages qu'ils produisent.

Nous venons d'étudier les influences si diverses, si variées de l'atmosphère; celles des eaux et des alimens seront l'objet d'un chapitre spécial. Il ne nous reste donc à nous occuper ici que des habitations que l'homme construit pour garantir les animaux des intempéries des climats trop rigoureux, et les soustraire, autant que possible, à l'action toute-puissante des lieux.

Les habitations des animaux domestiques sont dé-signées sous le nom générique d'*étables ;* et on appelle *écurie, bouverie, bergerie, chèvrerie, porcherie, chenil* celles qu'habitent les *chevaux, les bœufs, les moutons, les chèvres, les porcs et les chiens.* Des étables en général.

Comme les règles qui doivent diriger dans le choix de l'emplacement, dans la construction, l'assiette et l'orientement des étables sont les mêmes, nous les étudierons d'une manière générale.

Le choix de l'emplacement des étables est un point capital ; car, de cet emplacement et de la nature du sol sur lequel il repose, dépend la salubrité. Emplacement.

Les étables doivent, autant que possible, être séparées des autres habitations et reposer sur un sol élevé, d'une nature siliceuse ou calcaire, c'est-à-dire sèche et imperméable, afin que les eaux ne puissent jamais les approcher ni y pénétrer.

Mais si l'état et la nature des lieux ne présentent point ces conditions, si le sol est plat et argileux, on y remédie en élevant celui des étables de vingt-cinq à trente centimètres au-dessus du sol extérieur. On fait ces exhaussements au moyen d'une couche de machefer, gros sable ou gravier, bien battus. Cette couche ou croûte doit être aussi ferme, aussi dure que possible, afin que les eaux ni les urines ne la pénètrent point. Pour obtenir ce résultat avantageux, on a imaginé de paver les étables soit avec de grandes dalles en pierre, avec des cailloux, du bois, du bitume, etc. : tous ces pavages ont des inconvéniens, Sol.

et le meilleur de tous serait, s'il n'était trop coûteux, celui fait avec des briques placées de champ ou avec du béton.

L'aire ou sol des étables en général, à part celui des bergeries et chèvreries, doit avoir, sur un côté, une inclinaison suffisante pour que les urines puissent s'écouler et que les animaux en outre ne ruinent pas leurs jambes par une station trop horizontale.

Il faut bien se persuader qu'un grand nombre de maladies proviennent du mauvais choix de l'emplacement des étables, de l'enfoncement du sol, de l'humidité qui y règne, du séjour des urines et des fumiers, enfin, de leur proximité d'une mare impure, d'un égout, d'un fumier, etc.

Les étables doivent, en outre, être construites avec de bons matériaux, bien secs et bien solides. Leurs murs ne doivent point avoir de fissures ni de trous qui puissent donner passage aux élémens, ni servir de retraite aux rats, aux souris et autres animaux destructeurs. Il faut en unir les murs à l'intérieur, plafonner les planchers autant que faire se peut, afin de ne pas donner passage aux poussières, ni asile aux virus et autres principes morbides, et que les désinfections, les lavages puissent se faire efficacement dans les cas de maladies contagieuses ou autres.

Orientement. Nous avons déjà dit que l'humidité était l'élément le plus nuisible à la santé des animaux. Il suit de là, que l'on doit, règle générale, orienter, c'est-à-dire pratiquer les ouvertures principales des étables, du côté où il en vient le moins. En France, le levant est, en général, l'exposition la plus favorable; cependant, il peut se faire que le voisinage d'une montagne, d'une forêt, d'un marais, d'une usine insalubre, vous oblige à orienter sur un autre point cardinal; on doit alors prendre le midi ou le nord, mais jamais le couchant, parce que c'est de ce point que viennent généralement les vents les plus humides, les pluies et les tempêtes.

Les ouvertures, toutes pourvues de chassis vitrés et de contrevents, à part les portes d'entrée, seront établies de manière à ce que l'on puisse, à volonté, convenablement éclairer et aérer les étables.

Ouvertures.

Les fenêtres, dont le nombre varie avec la dimension des étables, et que l'on oppose autant que possible afin d'établir des courants et renouveler l'air, doivent être pratiquées à *deux mètres cinquante centimètres* au moins au-dessus du sol intérieur, ce qui porte le plancher à *quatre mètres* environ; ces fenêtres doivent être disposées de manière à ce que l'air ni le jour n'aillent directement dans les yeux des animaux.

Voici, au reste, les formes et dispositions d'une étable isolée et construite selon toutes les règles de l'hygiène.

Murs en bons matériaux et formant un carré long; porte d'entrée, au levant, de *un mètre* à *un mètre cinquante* de largeur et s'ouvrant en dehors avec deux

Principes de construction.

battants; croisées sur toutes les faces, pourvues chacune d'un vitrage et d'un contrevent, s'ouvrant par
en haut. Plancher plafonné, formant une voûte en
entonnoir et pourvue à son sommet d'une ouverture
ronde, que l'on appelle cheminée d'appel, et qui
communique au dehors par la toiture au moyen d'un
tuyau en tôle, zing, ou en maçonnerie, et que
l'on ferme à volonté par une espèce de soupape. Dans
les étables à plancher plan, les cheminées d'appel
sont remplacées par de simples tuyaux, qui s'ouvrent
à l'intérieur en forme d'entonnoir.

Quatre autres ouvertures, une sur chaque face du
bâtiment, pratiquées dans l'épaisseur du mur, à
quelques centimètres au-dessus du sol intérieur, et
s'ouvrant au dehors par une fente longitudinale ou
transversale, comme celle d'un créneau.

Ces ouvertures, que l'on appelle *barbacanes*, sont
destinées, avec celle du haut de la voûte ou cheminées d'appel, à établir des courants qui renouvellent
l'air et assainissent les étables. Au reste, quelque
forme, quelque position qu'aient les ouvertures, il
ne faut pas craindre de les multiplier, parce que le
renouvellement de l'air est une des conditions essentielles à la santé.

Telles sont les règles de construction d'une bonne
étable. Nous allons entrer dans quelques détails sur
les dispositions particulières à chacune de celles qui
contiennent des animaux d'espèces différentes.

Écuries. Les règles que nous venons d'établir pour les étables en général peuvent parfaitement s'appliquer aux écuries. La différence consiste dans les râteliers et mangeoires, dont il n'a pas été question.

Les écuries sont doubles ou simples, c'est-à-dire qu'il y a une ou deux rangées de chevaux. On ne met guère plus aujourd'hui les chevaux et autres animaux tête à tête au centre des étables, ce mode étant vicieux ; on les place contre les murs latéreaux.

Les écuries simples doivent avoir au moins 5 mètres 50 cent. de largeur. Quatre mètres pour le cheval et la mangeoire et un mètre cinquante centimètres pour le couloir compris entre les chevaux et le mur contre lequel on suspend habituellement les harnais.

Les écuries doubles auront au moins *dix mètres* de large, afin que le couloir compris entre les deux rangées de chevaux soit assez vaste pour que la circulation y soit libre et sans danger.

Quant à la longueur, elle doit être calculée sur le nombre de chevaux, à raison de $1^m 50^c$ à $1^m 80^c$ pour chacun, selon la taille et le volume. Les croisées pratiquées au-dessus des râteliers seront alongées, transversales, et s'ouvriront par le haut, afin que l'air n'aille point directement dans les yeux des chevaux.

La hauteur et les dimensions des mangeoires ou crèches doivent être proportionnées à la taille et au volume des chevaux. La règle à cet égard est que les animaux puissent manger au fond de la crèche l'avoine ayant l'encolure horizontale. Leurs dimensions moyennes sont de vingt-cinq centimètres de profondeur sur quarante de large.

Les crèches reposent généralement sur une maçonnerie. Cette disposition permettant aux jeunes chevaux de s'y blesser les genoux, il vaut mieux qu'elles soient supportées par des piliers en bois, placés à des distances convenables.

De quelque matière que soient formées les crèches, bois, pierre ou métal, il est nécessaire que le fond en soit propre, uni et légèrement incliné sur les deux extrémités, afin que l'on puisse les laver et faire écouler les eaux sans difficulté.

Râteliers. Les râteliers sont des espèces d'échelles en bois que l'on place en travers des murs des écuries au-dessus des crèches. Ils sont destinés à recevoir le fourrage et à ne permettre aux animaux de le prendre que par bouchées. C'est un moyen de s'opposer au gaspillage dans un but d'économie. Leur hauteur varie, selon la taille des animaux, de 70 à 90 centimètres; et l'écartement des barreaux de 8 à 12. Ces barreaux doivent être parfaitement unis, cylindriques, et tourner sur eux-mêmes pour faciliter aux animaux la préhension des fourrages.

On ne doit point placer les râteliers trop haut ni leur donner trop d'inclinaison. Il faut que les animaux puissent prendre le fourrage sans peine, sans difficulté, et surtout sans se couvrir la tête et les yeux de feuilles et de poussière, comme cela arrive lorsque les râteliers sont trop inclinés.

On voit dans certaines écuries de luxe, des râteliers plaqués au haut des murs comme des nids d'hi-
rondelles, avec des espèces de coquilles au-dessous
pour recevoir l'avoine, cela peut être fort élégant,
fort gracieux, mais ce n'est ni économique ni commode.

Tous les objets composant les écuries, comme les
étables, doivent être faits de manière à présenter des
surfaces polies, sans fentes, sans excavations, sans
rugosités qui puissent permettre aux effluves, miasmes, virus et autres matières ou principes insalubres, d'y séjourner sans y être atteints par les lavages et désinfections que l'on doit pratiquer souvent. Un propriétaire soigneux qui comprend ses
intérêts, doit tenir ses étables, en général, aussi propres que son salon.

Les bouveries ordinaires ne diffèrent des écuries
dont nous venons de parler qu'en ce que les mangeoires doivent être plus larges, plus basses, et les barreaux des râteliers plus écartés.

Mais il existe une autre forme de bouverie, dite
étable belge, qui offre de grands avantages, et dont
nous allons donner une description aussi claire et
aussi succincte que possible.

Figurez-vous quatre murs formant un carré long
de *huit mètres* de large. A un *mètre cinquante* centimètres de l'un de ces murs, et dans le sens de la longueur, on en construit un autre de 75 centimètres de
hauteur et s'arrêtant de chaque bout, à 80 centimè-

tres des murs latéraux. On adosse à ce petit mur, du côté opposé à celui où seront les animaux, une mangeoire ou crèche de 60 centimètres de large, sur 60 de profondeur contre le mur, et 80 du côté opposé. Ce petit mur supporte des piliers en bois de 1 50 de hauteur, et distancés de 11 centimètres. Mais ces intervalles sont portés à 50 centimètres vis-à-vis chaque animal, afin qu'il puisse y passer la tête pour aller prendre les alimens que contient la mangeoire. Tous ces petits piliers sont réunis à leur partie supérieure par une poutrelle.

Au pied de ce petit mur, et du côté opposé à la mangeoire, on élève, en terre, bois ou maçonnerie, un marche-pied de 10 centimètres de hauteur sur 25 de large. Ce marche-pied sert à élever les bœufs au moment où ils mangent. A partir de ce marche-pied, le sol de la bouverie doit s'incliner légèrement jusqu'à une distance de 1 50 du mur de façade, où il doit offrir une rigole pour l'écoulement des urines et des autres ordures.

L'étable belge est pourvue de trois portes principales : 1° Celle d'entrée, construite dans le mur de façade en regard du marche-pied; 2° une de chaque bout dans les murs latéraux, par où on accule les charrettes pour enlever le fumier; 3° enfin, une quatrième, opposée à celle d'entrée et donnant dans le corridor qui sert à la distribution des fourrages dans la mangeoire. Si cette étable est adossée à une construction, au lieu d'être isolée, et que l'on ne puisse pratiquer cette porte au milieu dudit corridor, on la pratique à l'une des extrémités. On pratique des croisées sur toutes les faces lorsque cela est possible; dans le cas contraire, on en établit un plus grand nombre sur le mur de façade et sur les latéraux, notamment aux extrémités du corridor de la mangeoire.

En résumé, l'étable ou bouverie belge se trouve donc composée : 1° Du corridor compris entre la mangeoire et le mur du fond, dans lequel on peut déposer la ration journalière, et qui sert à la distribuer avec la plus grande facilité; 2° du corps d'étable où sont les bœufs, limité par le marche-pied et la rigole des urines ; 3° enfin de l'espace ou du passage de service qui règne le long des trois autres murs.

Les avantages de cette bouverie sont incontestables. La propreté, l'aération y sont faciles. Un enfant de dix ans peut, au moyen du corridor, distribuer sans danger les alimens aux bœufs les plus méchans. Ces animaux ne peuvent point gaspiller leur nourriture, ni la faire tomber à terre, forcés qu'ils sont pour manger de rester dans l'espèce de croisée qui est devant eux. Ils ne peuvent non plus, ni se la disputer, ni se battre, et chacun mange exactement la quantité qu'on lui donne, pour peu que l'on divise la mangeoire en compartimens de 1 30, au moyen de planchettes que l'on enlève à volonté pour la laver. Cette mangeoire doit être bordée du côté du corridor par une forte pièce de bois, à laquelle sont des trous

ou des anneaux destinés à attacher les animaux lorsqu'ils mangent. Ils sont, dans le cas contraire, attachés aux piliers ou au mur qui les supporte.

On peut aisément doubler cette bouverie, en ré-
pétant de l'autre côté du corridor à distribution, ce
que nous venons d'énumérer. Dans ce cas, ledit corridor est au milieu.

Quelques lecteurs s'effraieront peut-être de l'emplacement que doit occuper une pareille bouverie ;
mais nous leur ferons observer que nous avons donné
les dimensions les plus grandes, et que l'on peut aisément les réduire quant à la largeur à *six mètres quarante centimètres.*

Une humidité chaude et une légère obscurité favorisant l'engraissement des animaux, on aére et on
éclaire moins les bouveries destinées à cet usage. On
y laisse même séjourner le fumier pour y développer
ces favorables conditions.

Bergeries. Ce que nous avons dit des étables en général, s'applique parfaitement aux bergeries, qui doivent être
saines, propres et largement aérées. L'humidité, et
l'humidité chaude étant l'ennemi le plus cruel des
moutons, il est essentiel de bien choisir et de bien
préparer l'assiette des bergeries. Les ouvertures placées au niveau du sol, et que nous avons appelées
barbacanes, ne doivent pas surtout être négligées
pour épurer l'acide carbonique et les gaz délétères
qui s'élèvent des fumiers.

Mais on peut construire plus économiquement des

rgeries plus simples et plus saines. Il suffit tout bon-
ment d'établir une toiture quelconque, sur deux
ngées de piliers en maçonnerie brute ou en bois.
s intervalles de ces piliers, dont l'étendue peut
rier de 3 à 4 mètres, sont remplis par de petits murs
 1 30 de hauteur, et le reste est garni de chassis
e l'on recouvre de nattes ou de paillassons du côté
 nord en hiver, et du côté du midi en été. Les ex-
émités latérales de ces bergeries sont formées de
urs pleins, à pignon, supportant le faîte, et por-
nt en outre une grande porte par où entrent les
nimaux et sortent les fumiers.

La hauteur de ces piliers, par conséquent du jet
e la toiture, doit être de 3 30 au moins. En pla-
onnant cette toiture on peut avoir une excellente
ergerie.

Dans ces bergeries, les râteliers et les crèches sont
lacées contre les petits murs, entre les piliers, à une
auteur convenable, afin que les moutons puissent y
anger aisément.

Le rapport de la dimension et du nombre de mou-
ons est pris sur l'étendue générale des murs à raison
e *trente centimètres* par bête.

Les chèvres n'ont guère de logement spécial ; on   Chèvreries.
es place au premier endroit venu. Cependant, il
convient de leur donner des habitations saines. Les
dispositions des bergeries leur conviennent parfaitement et sous tous les rapports.

C'est un grand préjugé de croire que les porcs ai-   Porcheries.

ment par goût les immondices et les saletés. Il
se vautrent dans la boue que pour se procurer u
fraîcheur à la peau, qui leur manque. Mais si , d
leur bas âge , ces animaux avaient à leur dispositi
de l'eau propre et vive, ils s'y jetteraient de préf
rence. Le porc est plutôt propre que sale, de son n
turel. Voyez avec quel soin il évite de faire des o
dures dans sa loge ?

Loin donc de laisser croupir les porcs dans des l
ges humides et sales, il importe à leur santé de leu
en donner de saines, de bien aérées, Chaque por
doit avoir la sienne , avec son auge , afin d'y vivre e
manger tranquille.

Dans les exploitations rurales bien tenues, les por
cheries doivent être précédées d'une cour assez vast
pour que les porcs puissent y trouver de l'ombre, d
l'air, de l'eau , et de la liberté pour y déposer leur
ordures. Les cours et les loges demandent à êtr
tenues dans la plus grande propreté.

Chenils. Les chenils ou loges des chiens ne sont guère usité
que pour les équipages de chasse.

Dans ce cas, on les établit dans une cour ou con
tre un mur exposé au midi, parce que les chiens,
ceux de chasse surtout, sont très frilleux. Ces loges
sont généralement en bois, recouvertes de zinc ou
de tôle , et portées sur quatre pieds, qui en élèvent le
sol, toujours en planches, à environ *vingt centimètres*
au-dessus de la terre. Le plancher est percillé de
trous afin de donner passage aux urines. Les chiens

doivent être fixés chacun à sa loge , avec une chaîne
assez longue pour qu'elle leur permette de sortir, soit
pour faire leurs ordures , soit pour se mettre à l'om·
bre l'été ou au soleil l'hiver.

Il faut fréquemment nettoyer , laver , blanchir les
chenils pour les débarrasser des saletés , des insectes
ou des puces qui y pullulent.

Nous savons bien que la plupart de nos lecteurs
ne démoliront pas leurs étables pour les reconstruire
selon les règles que nous venons d'établir. Mais nous
les adjurons , au nom de leurs intérêts propres , de
remédier, autant que possible , au défaut le plus pré-
judiciable, le plus général , celui du manque absolu
l'air et de lumière. Des croisées , des barbacanes aux
murs ; des trous aux planchers, sortant au-dessus de
la toiture, au moyen de tuyaux en tôle , planches,
cloisons, etc. ne sont pas bien chers? Et cependant
quelle amélioration , quel bien-être pour les bestiaux!...

Il faut bien se persuader que, comme nous , les
animaux ont besoin d'air, et d'air pur. Que les fumiers, mares , bourbiers, cloaques disparaissent donc
des alentours des étables , ou du moins s'en éloignent;
que la propreté y règne ; qu'un air régénérateur y
circule ; et l'on verra les maladies les plus simples,
comme les plus terribles fléaux, disparaître ou devenir fort rares. Nos paroles seront-elles entendues ?
C'est notre vœu le plus ardent! Mais, à voir comme certains grands tenanciers logent et traitent leurs valets,

domestiques, colons, avons-nous le droit de nous plaindre, et nous est-il bien permis d'espérer ? Ce que l'on ne fait pas pour des hommes, le fera-t-on pour des animaux ? Cela pourrait bien être ! Espérons donc.

La division des étables en stalles, loges, compartiments ne se pratique guère que pour les animaux de luxe, ceux qui sont méchants, ou consacrés à la reproduction.

Cette mesure est pourtant salutaire. Elle a l'avantage inappréciable de faciliter et permettre la distribution de la nourriture, selon les exigences, la variété des tempéraments ; d'éviter les querelles, les accidents ; enfin, de donner pour ainsi dire, à chaque animal un chez soi, où il vit tranquille, mangeant la ration qu'on lui donne, sans en céder ni en prendre à son voisin.

Si l'on peut, par économie, et lorsque les animaux sont dociles, se passer de loges et de stalles, nous tenons la division des crèches et râteliers comme indispensable à la bonne tenue des étables. Elle se pratique aisément et à peu de frais, au moyen de planchettes mobiles coulant dans une rainure, et qu'on enlève à volonté à l'égard des crèches. Mais quant aux râteliers, ces planchettes doivent être fixes.

Le mode le plus simple, le plus économique, pour séparer les animaux dans les étables, consiste à fixer à la crèche, au moyen d'un crochet et d'un piton, une barre de bois de la longueur de l'animal, et suspendue de l'autre bout au plancher par une corde. Cette

arre mobile, sous laquelle on fixe par des crochets et
es pitons, une planche également mobile de vingt-
inq centimètres de longueur environ, doit être main-
enue à soixante ou soixante-dix centimètres, au-des-
us du sol.

Les grandes stalles ont l'inconvénient de trop isoler
es animaux qui, privés de tous rapports avec leurs
oisins, s'ennuient, contractent des habitudes vicieu-
es ou *tics*, et deviennent indociles, méchants. Elles
e conviennent guère qu'aux juments poulinières, aux
aches et à leurs petits. Dans ce cas, les stalles doi-
ent être fermées de tout côté. C'est ce que les Anglais
appellent *Boxs*, *Paddocks*.

Dans tous les cas, les mâles doivent être rigoureusement séparés des femelles, à un an pour les grands
animaux, à six mois pour les petits. On pratique ces
séparations au moyen de claies pour les bergeries,
de cloisons ou de planches pour les écuries et bouveries. Ces compartiments servent à classer et diviser
les animaux de travail, de reproduction, d'élève,
d'engrais, etc.

Que les grands animaux soient attachés au moyen
d'un licol ou d'un collier, par la tête ou par le cou,
il est essentiel que l'extrémité de la longe, corde ou
chaîne soit passée dans un anneau fixé à la crèche, et
porte un billot en bois assez lourd, pour que l'attache
soit toujours tendue et que les animaux ne puissent
s'entraver.

Quelques précautions qu'on ait pris pour construire

Désinfection des
étables.

les étables ; quelques soins que l'on se donne pour les tenir propres, il est des circonstances qui obligent à les désinfecter.

Aération.

L'aération est un des plus puissants moyens de désinfection, le moins coûteux, le plus simple. Il consiste à ouvrir toutes les ouvertures, croisées, cheminées d'appel, barbacanes, non-seulement lorsque l'étable a besoin de désinfecter, mais tous les jours lorsque les animaux n'y sont pas ou même y sont, afin que les courants d'air emportent tous les gaz, miasmes, effluves, qui s'élèvent des animaux et des fumiers, et qui nuisent tant à leur santé. Nous insistons sur ce point, parce qu'il est capital.

Mais lorsqu'une épizootie règne dans le pays, que des maladies graves, surtout contagieuses, ont sévi sur les bestiaux, il ne suffit plus à lui seul. Il faut qu'il soit accompagné des suivants.

Fumigations.

Dans le cas de maladies non contagieuses, il suffit d'enlever les fumiers, de nettoyer le sol des étables, et d'y faire des fumigations-guytoniennes dont le procédé sera bientôt indiqué.

Si, au contraire, les maladies étaient contagieuses, la désinfection devient beaucoup plus minutieuse et plus compliquée. Voici comment on doit procéder : Après avoir enlevé les fumiers et quelques centimètres du sol des étables, balayé, râclé les murs, planchers ou plafonds, crèches, râteliers, harnais et tous les ustensiles qui s'y rattachent, on lave, blanchit, au lait de chaux ou eau de chaux, ces mêmes murs, planchers, crèches, râteliers, harnais, etc.

Ces précautions prises, les animaux étant sortis et toutes les ouvertures de l'étable bien fermées, on place dans son milieu, sur un réchaud légèrement chauffé, un vase de terre vernissé et peu profond, dans lequel on verse *soixante-dix grammes de peroxide de manganèse* et *deux cent cinquante grammes* de sel de cuisine pulvérisé.

On mêle ces deux substances en y ajoutant *cent vingt-cinq grammes* d'eau, puis on arrose le tout de *cent vingt-cinq grammes d'acide sulfurique* (huile de vitriol). On remue un instant ce mélange avec un morceau de bois. Des vapeurs blanches commencent à s'élever et l'on se retire en fermant exactement la porte. Ces fumigations sont appelées *Guytoniennes* de Guyton de Morveau qui les employa le premier.

Les quantités des substances que nous venons l'indiquer suffisent pour une étable *de cent mètres carrés* environ. Lorsqu'elles sont plus grandes, on grossit proportionnellement les doses et on les distribue dans deux, trois ou quatre vases.

Quatre ou cinq heures après l'opération, on ouvre toutes les ouvertures de l'étable pour y établir des courans qui renouvellent entièrement l'air. On peut, dans les cas graves et pour plus de sûreté, répéter la fumigation quelques jours après.

On peut également faire des fumigations beaucoup plus simples en brûlant tout bonnement du soufre sur un fer chaud. Mais elles sont moins sûres, moins efficaces.

8

Le feu, c'est-à-dire la combustion de bois, paille ou autres matières est un bon moyen de désinfection lorsqu'il peut être employé sans danger.

Les fumigations de plantes aromatiques ne font que masquer les mauvaises odeurs, mais ne détruisent aucun principe morbifique.

Lavages. Les harnais ne pouvant guère être lavés avec le lait de chaux, on le fait avec le *chlorure de chaux*. Pour se servir de cette substance, on en mêle *cinq cents grammes*, un litre, à *vingt-cinq* litres d'eau environ. Ce mélange remplace parfaitement le lait de chaux pour le lavage des murs, plafonds, crèches et râteliers, etc.

CHAPITRE II.

ALIMENS ET BOISSONS.

Toutes les substances introduites dans l'estomac pour réparer les forces des animaux , ou favoriser le développement et entretenir la vie, sont appelées alimens.

Les alimens exercent sur les animaux , comme sur les hommes, une grande influence. La facilité que nous avons d'en changer la nature et la quantité , nous donne un moyen d'action des plus puissants. Ecoutez plutôt Buffon : « La cause la plus générale et
» la plus directe est la qualité de la nourriture , c'est
» principalement par les alimens que l'homme reçoit
» l'influence de la terre qu'il habite : celle du ciel et
» de l'air agit plus superficiellement; et tandis qu'elle
» altère la surface la plus extérieure en changeant la
» couleur de la peau , la nourriture agit sur la forme
» intérieure par ses propriétés qui sont constamment
» relatives à celle de la terre qu'il habite. Il faut du
» temps pour que l'homme reçoive la teinture du
» ciel ; il en faut encore plus pour que la terre lui
» transmette ses qualités. Et il a fallu des siècles
» joints à un usage toujours constant des mêmes

§ 1er.

Alimens.

» nourritures, pour influer sur la forme des traits,
» sur la grandeur du corps, sur la substance des
» cheveux, et produire ces altérations intérieures,
» qui, s'étant ensuite perpétuées par la génération,
» sont devenues les caractères généraux et constants
» auxquels on reconnaît les races et même les nations
» différentes qui composent le genre humain.

» Dans les animaux, ces effets sont plus prompts
» et plus grands, parce qu'ils tiennent à la terre de
» bien plus près que l'homme ; parce que leur
» nourriture étant plus uniforme, plus constamment
» la même, et n'étant nullement préparée, la qualité
» en est plus décidée et l'influence plus forte ; parce
» que d'ailleurs les animaux ne pouvant ni se vêtir,
» ni s'abriter, ni faire usage de l'élément du feu pour
» se réchauffer, ils demeurent même exposés et
» pleinement livrés à l'action de l'air et à toutes les
» intempéries du climat. »

Il suffit de jeter les yeux autour de soi pour se
convaincre de la vérité de ces paroles du célèbre
naturaliste. Que l'on compare, en effet, les animaux
des montagnes aux animaux des plaines ; ceux qui
vivent dans les vallées herbeuses à ceux élevés sur
les coteaux arides ; les chevaux du Poitou à ceux du
Limousin ; les bœufs des Pyrénées aux bœufs de
Normandie. D'un côté, l'exiguïté de la taille et du
volume, la sécheresse et la fermeté de la fibre, la
légèreté, la vigueur, l'énergie ; de l'autre, la masse
du corps, la grandeur de la taille, la mollesse, la

laccidité des chairs, la lenteur, la nonchalance des mouvemens, la force du poids, selon l'abondance et la qualité des alimens.

Le meilleur moyen d'améliorer les animaux, celui par lequel on doit toujours commencer, dit John Sinclair, c'est de les mieux nourrir.

L'étude des alimens est donc de la plus grande importance ; non-seulement sous le rapport du perfectionnement des races, mais sous celui de l'économie rurale et de la santé des animaux.

Nous allons donc étudier successivement chacun des principaux alimens.

Le mot foin doit s'entendre, en général, de l'herbe des prairies de toute sorte, fauchée et desséchée pour nourrir le bétail. Cependant ce nom est plus spécialement donné à l'herbe sèche des prairies *permanentes ou naturelles ;* celle des prairies *temporaires ou artificielles* , étant désignée par le nom de la plante qui les forme presque exclusivement : *luzerne* , *sainfoin* , etc.

Des foins en général.

Le foin des prairies permanentes, composé d'un très-grand nombre de plantes différentes, ayant chacune son goût, sa saveur, forme l'aliment le plus recherché des animaux, celui qu'ils préfèrent et dont ils ne se dégoûtent jamais.

Foin proprement dit ou de prairie permanente.

Les qualités du foin dépendent de la nature et de l'exposition du sol qui le produit, des soins que l'on a des prairies et de ceux qu'on prend pour le récolter et le conserver. Ainsi, le foin des terrains élevés, maigres et secs, est le meilleur : il nourrit bien les animaux, leur donne de la vigueur, de la force, fait de la bonne viande et du lait excellent.

Mais celui des terrains bas, ombragés ou marécageux, nourrit mal les animaux, altère leur santé et les prédispose à toute sorte de maladies. Il est dur, long, sans saveur ni odeur, et contient en outre des plantes dangereuses ou nuisibles, telles que *renoncules, safranées, phélandria, ciguë, joncs, prêles, etc.*

Entre ces deux extrêmes, il est un foin provenant de vallées et de terrains légèrement humides qui nourrit bien les animaux, surtout les chevaux, et qu'on peut leur donner sans crainte,

Caractères du bon foin. Le bon foin, dit Grognier, a les tiges fines, flexibles, bien garnies de feuilles ; sa couleur est vert foncé tirant un peu sur le brun ; son odeur agréable, légèrement aromatique, et sa saveur, douce, sucrée, sans arrière-goût ni âcreté.

Au reste, il faut se garder de juger exclusivement les foins à la couleur, aux apparences qu'une pluie, une rosée, un brouillard, peuvent compromettre. Il vaut mieux s'en rapporter à la nature, à l'exposition des terrains qui les ont produits, et surtout aux animaux qui les consomment. Leur avidité à les manger, l'état d'embonpoint, dans lequel ils les mettent ou les maintiennent, sont les meilleurs garans de la bonne qualité des foins. Ici, comme partout, l'expérience est le meilleur juge.

Regains. Les prairies basses, humides ou ombragées par des arbres nombreux, donnent généralement, après la première fauchaison, une, deux ou trois pousses d'herbe, qu'on appelle regain.

Le regain, bien inférieur au foin, est plus vert, plus mou et presque exclusivement formé de feuilles. Il ne convient guère qu'à la nourriture des vaches laitières, des moutons et des jeunes animaux qui le préfèrent au foin, parce qu'il est plus tendre.

Par opposition aux prairies *permanentes ou naturelles*, on a appelé *temporaires ou artificielles* celles que l'homme sème et défriche à des intervalles de cinq à dix ans.

Prairies temporains ou artificielles.

Ces prairies, généralement formées de *luzerne*, *sainfoin* ou *trèfle*, ont sur les naturelles l'avantage immense de se faucher, dans la même année, jusqu'à *huit fois* dans les pays chauds, et de donner à toutes les coupes des fourrages à peu près identiques, soit pour la qualité, soit pour la quantité. Les foins des prairies artificielles nourrissent fort bien les animaux, sont plus substantiels, mais plus excitans que ceux des prairies naturelles.

L'usage exclusif de ces foins, luzerne, trèfle ou sainfoin, n'est pas sans inconvénient. Il échauffe les animaux, les chevaux surtout, qu'il prédispose aux coliques, à la pousse, et qui, du reste, s'en fatiguent, s'en dégoûtent à rester souvent, comme nous l'avons vu, plusieurs jours sans manger. Les vesces, les gesses et les lentilles, bien soignées et bien récoltées, forment un foin aussi nourrissant que le sainfoin ou le trèfle.

Il en est de la luzerne, du sainfoin (1) et du trèfle, comme du foin ordinaire. Leur qualité dépend du so sur lequel ils croissent, et de la manière dont ils son récoltés et conservés.

Établissement des prairies permanentes. En général, les prairies naturelles s'établissen d'elles-mêmes ou bien on les forme en répandant su un sol, plus ou moins bien préparé, le fond des fe nils ou magasins à foins. Cela est une méthode vi cieuse, car ces fonds de fenil contiennent des graine de toute sorte, et ne peuvent que composer une mau vaise prairie.

Il est donc beaucoup mieux de faire un choix d bonnes graines, en prenant cependant pour base cel les des bonnes plantes qui viennent naturellemen sur le sol que l'on veut ensemencer ou dans la con trée qu'on habite.

On peut choisir pour les terrains ordinaires, légè rement humides, ainsi qu'ils conviennent seuls pou les prairies permanentes.

Parmi les graminées :

Le dactyle pelotoné, le brome et la fétuque de prés, l'avoine élevée, la jaunâtre, celle des prés ; l vulpin genouillé, celui des prés ; le fléau des prés, l noueux ; le paturin des prés, le trivial ; l'agrostid stolonifère, la blanche, la vulgaire ; l'ivraie vivace o ray-grass, l'ivraie d'Italie ; la flouve adorante.

Parmi les ligumineuses :

(1) Par une inversion singulière, dans tout le midi de la France, le sainfoin est appelé luzerne, et la luzerne sainfoin.

Le trèfle des prés , le rampant , l'incarné ; la gesse des prés et des marais ; le sainfoin proprement dit ou esparcette et le lotier , la houlque laineuse ; la pimprenelle, la spergule , le mille-feuilles : la lupuline ou minette dorée , le mélilot et le plantain , quoique provenant d'autres familles de plante , peuvent être et sont avantageusement ajoutés aux précédentes pour composer une bonne prairie permanente.

Voici quelques formules empruntées aux écrivains les plus recommandables :

1r. Flouve odorante, cynosure à crête, vulpin et paturin des prés, agrostide stolonifère à larges feuilles , ivraie vivace.

2e Avoine élevée, ivraie vivace ou ray-grass, vulpin des prés , fétuque, houlque laineuse , trèfle rampant , minette dorée, agrostide blanche.

3e Houlque laineuse , ivraie vivace , paturin des prés , agrostide et trèfle.

Nous donnerions la préférence à la seconde formule comme s'accommodant mieux à tous les terrains.

Il faut 50 kilogrammes de ces graines , diversement combinées , selon la nature du sol , pour un hectare de terrain.

Les prairies artificielles sont *annuelles , bisannuelles ou vivaces.* Les unes et les autres se composent le plus souvent d'une seule plante , quelquefois de deux.

Les plantes les plus usitées pour les prairies annuelles sont : *le seigle , l'orge, le trèfle incarné (far-*

rouch), *les vesces, les pois des champs, le maïs, le millet, le sarrazin, la gesse, l'ers, la fève, la petite lentille, le lupin blanc, le spergule, le colza, la navette d'hiver*, etc.

Pour les prairies bisannuelles on emploie le *trèfle*, qui en forme la base, la *lupuline*, le *mélilot*, les *ivraies*.

Les prairies artificielles vivaces ne se composent le plus souvent que d'une seule plante, la *luzerne*, le *sainfoin*, le *ray-grass des anglais*, la *pimprenelle*.

Cependant, on se trouve mieux de les mêler diversement, de combiner, par exemple, la luzerne avec le trèfle, le sainfoin avec le ray-grass ou la pimprenelle, etc.

On fait un grand usage, dans le midi de la France, d'un mélange semé en automne, composé *d'avoine élevée, d'ivraie vivace, d'ivraie d'Italie* et de *grande pimprenelle*. Ce mélange fournit un excellent fourrage pendant trois ans. Dans la haute Italie, le milanais, on mêle, l'*ivraie vivace*, l'*avoine élevée* et le *trèfle des prés*.

Ces divers mélanges sont plus favorables aux terres et aux bestiaux que les fourrages de même nature, car les plantes ne puisent pas toutes dans la terre la même substance pour se nourrir ; d'où il suit qu'il faut varier les cultures, et qu'une terre épuisée pour telle plante, peut être très-féconde pour telle autre.

Il en est de même des animaux qui se nourrissent

de principes différents, puisés dans des plantes, des graines ou plutôt une nourriture diverse. Voilà pourquoi nous recommanderons de varier la nourriture des animaux, comme nous recommandons de varier la culture des terres.

Lorsque les herbes des prairies permanentes ou temporaires sont mûres, c'est-à-dire qu'elles commencent à fleurir, le moment est venu de les couper pour les transformer en foin. Cette opération a reçu le nom de fauchage ou fauchaison, parce qu'elle se pratique avec une faux.

Fauchage.

Il est bien important de choisir le moment du fauchage. Pratiqué trop tard, les foins trop mûrs ont perdu leurs qualités essentielles et sont devenus durs, cassans, indigestes et peu nourrissans. Pratiqué trop tôt, les herbes n'ont pas atteint leur entier développement, ni leur maturité; elles sont tendres, aqueuses, et les foins difficiles à sécher, sont noirs, gras et sans principes nutritifs. Mieux vaut pourtant faucher plus tôt que plus tard, la fauchaison prématurée donnant l'avantage d'avoir un bon regain.

Il va sans dire que l'on doit, autant que possible, rechercher, pour cette opération, un beau temps, la moindre pluie pouvant compromettre la récolte.

Fénaison.

Le fauchage étant pratiqué convenablement et dans les circonstances les plus favorables, il est de la plus haute importance de procéder, sur les lieux mêmes, au *fanage* ou *fenaison*. Cette opération, qui consiste à étendre au soleil les herbes fauchées pour les sécher, se pratique de plusieurs manières. Généralement, on éparpille le foin sur le sol au moyen d'outils à la main, fourches ou faneuses, puis on le tourne, retourne en le secouant, jusqu'à ce qu'il soit sec.

Ce procédé est essentiellement vicieux, en ce sens qu'il brise les foins et détermine la chute des feuilles, surtout dans les trèfles, luzernes, sainfoin, etc. Or, la feuille est la partie la plus nutritive des foins. Il est donc essentiel de la conserver.

Il faut, règle générale, faner les foins en les remuant aussi peu que possible. On a pour cela indiqué plusieurs méthodes. Tous les agronomes connus, Thaïr, Dombasle, Crud, Parkinson, etc., ont la leur. Elles diffèrent peu entre elles. Voici celle de Crud, qui nous a paru la plus simple et la plus facile à pratiquer:

Méthodes de fenaison.

On étend l'herbe à mesure qu'on la fauche. Le soir venu, on la retourne afin que la rosée de la nuit tombe sur la partie humide et non sur celle frappée déjà par le soleil. Le lendemain au soir, on ramasse le foin que l'on met en petits tas de *cent kilogrammes* environ, et que l'on presse légèrement afin d'en accélérer la fermentation. Ces tas restent dans cet état pendant *quinze à vingt heures* jusqu'à ce que la fermentation y a déterminé une chaleur à pouvoir à peine y tenir la main. Alors on les ouvre, on étend le fourrage, et *trois* à *quatre* heures de bon soleil suffisent pour pouvoir le rentrer sans inconvénient.

Voici les modifications que M. Klapmayer a fait su-
ir à ce procédé en Allemagne:

Le lendemain du fauchage, on ramasse l'herbe en
as de *trois mètres* de diamètre, et aussi hauts que pos-
ible. On foule ces tas fortement et uniformément
lans toutes leurs parties, et lorsque la chaleur y est
léveloppée à ne pouvoir plus y tenir la main, on les
léfait, étend l'herbe, et quelques heures de soleil ou
même de vent suffisent pour la sécher complétement.

Si la pluie dérange cette opération, et pour prévenir les inconvéniens, on fait les tas de *quatre* à *cinq
cents kilogrammes*.

On ne saurait jamais prendre trop de précautions,
surtout à l'égard des trèfle, luzerne, sainfoin, dont
la feuille est la partie essentielle et qui tombe très-facilement.

Dans tous les cas, la fenaison ne peut et ne doit
être considérée que comme une première et incom-
plète dessiccation. Il est bon, avant de rentrer les
foins dans les granges ou fenils, de les établir sur
les lieux mêmes, en meules de *mille* à *quinze cents*
kilos, que l'on laisse là pendant *deux à trois* mois, selon le temps et le climat. Ces meules peuvent affec-
ter toutes les formes, mais les ovales sont préféra-
bles. Il est essentiel, dans tous les cas, de les établir
sur un lit de bois, madriers, fagots, pierres, etc.,
afin que l'humidité du sol ne les pénètre, ni les altère; de bien les presser et de les recouvrir d'un
large chapeau de paille longue pour les préserver de
la pluie.

Conservation
des Foins.

Dans cet état, les foins *ressuent*, jettent leur feu, comme on dit, et acquièrent toutes les qualités dont ils sont susceptibles. Cette seconde fermentation a également lieu dans les granges, mais elle se fait moins bien, moins facilement, et a, en outre, l'inconvénient de déterminer quelquefois des incendies spontanés.

Stratifications. Lorsque des circonstances forcées obligent à rentrer les foins humides, il est bon de les stratifier avec d'autres foins trop secs, de qualités et de natures différentes, mais encore mieux avec de la paille. Ces stratifications sont très-avantageuses pour les trèfles, luzernes, sainfoins, même lorsqu'ils sont parfaitement récoltés. Ces foins, à tige généralement grosse, contiennent beaucoup d'eau de végétation, et, quelque parfaite qu'ait été la fenaison, ils ressuent abondamment, et les pailles avec lesquelles ils sont stratifiés, absorbant cette sueur, s'emparent de cet excédant et acquièrent beaucoup de saveur.

De cette manière les foins ne s'échauffent pas, ne se moisissent pas, et les pailles acquièrent des qualités qui les font avidement rechercher des animaux. Tout est donc bénéfice, puisque l'eau sucrée de végétation qui pouvait gâter les foins améliore les pailles; nous engageons vivement les propriétaires à suivre ce procédé économique et fort simple.

Les stratifications se font en superposant une couche de foin à une couche de paille à peu près de la même épaisseur et successivement jusqu'à ce que la

neule est finie. On stratifie également, et avec beaucoup d'avantage, tous les autres fourrages, les foins
ou regains des prairies permanentes avec ceux des
temporaires. Les couches de stratification ne doivent
jamais dépasser un mètre de hauteur.

Il est des propriétaires qui ont l'habitude de saler
leurs fourrages en les mettant en meule ou en grange.
Cette méthode est très bonne, surtout à l'égard des
foins de mauvaise qualité ou mal récoltés. La proportion usuelle est de *trente-cinq* kilos de sel pour *cent
quintaux* de foin. Ce sel, pulvérisé finement, est répandu sur le foin avec un tamis.

On ne doit jamais donner du foin nouveau aux
animaux avant qu'il ait jeté son feu ou ressué,
c'est-à-dire trois mois environ après le fauchage, vers
le mois de septembre. Donné plus tôt, il échauffe les
bestiaux, détermine des indigestions, des coliques,
des vertiges, la jaunisse, le farcin, etc.

Les foins peuvent s'altérer de diverses manières,
par le fait de l'homme et quelquefois par le fait de circonstances indépendantes de sa volonté; ainsi, le foin
est :

Sablé, *vasé* par les inondations des rivières et ruisseaux. Ce foin est sec, cassant, poudreux et très nuisible aux bestiaux ;

Lavé par une rosée ou une petite pluie lorsqu'il est
à peu près sec. Ce foin est pâle, inodore, peu nourrissant ;

Moisi, *pourri* par l'humidité du sol ou des murs du

fenil, les gouttières des chapeaux et toitures, **une** fenaison mal exécutée, un emmagasinage mal conçu. Ce foin est grisâtre ou noirâtre, répand une odeur fétide et ne doit jamais être donné aux animaux, sous peine des plus graves accidents ;

Echauffé, lorsque par suite d'un mauvais tassement ou emmagasinage, la fermentation trop considérable a jauni le foin qui, dans ce cas, répand une forte odeur échauffée ou aigre ;

Fétide, lorsqu'il a l'odeur des engrais que l'on a répandus sur les prairies. On a remarqué que le fumage, par certains engrais, communiquait quelquefois son odeur aux fourrages qui, à leur tour, la transmettaient aux produits animaux, tels que le lait;

Altéré par des corps étrangers, des miasmes, des gaz s'élevant des étables situées, le plus souvent, au-dessous des fenils; par des rats, des poules, des pigeons, etc., qui les brisent, pulvérisent et y déposent leurs plumes, leurs excréments.

Détérioré, enfin, par l'âge qui altère sa couleur, son odeur, sa saveur et le rend sec, pâle, friable, poudreux. *Dix-huit mois ou deux ans* après la récolte, le foin est vieux et a perdu toutes ses qualités; il n'est guère plus bon que pour litière.

En outre de ces altérations, les foins peuvent être mal composés ou provenir de mauvais terrains, de terrains trop gras, trop ombragés, trop humides.

Nous avons donné les caractères des bons foins, nous allons indiquer ceux des mauvais.

Les mauvais foins ont généralement les tiges lonues, grosses, cassantes et coriaces, quelquefois molles, mais plates, dégarnies de feuilles et offrant un grand nombre de mauvaises plantes : prêles. renoncules, joncs, ciguës, etc., leur couleur est pâle, lavée, jaunâtre; leur odeur nulle; leur saveur fade, insipide.

Tous les foins altérés ou mauvais, nuisent beaucoup à la santé des bestiaux et sont les causes réelles de la plupart de leurs maladies; il est donc essentiel d'y veiller.

Pour prévenir, autant que possible, les effets des mauvais foins que la disette de fourrages ou d'autres circonstances obligent trop souvent à donner aux animaux, il faut les battre, les secouer pour les débarrasser de la poussière et des autres corps étrangers qu'ils peuvent contenir; ne les donner qu'en petite quantité et après une ration de bon fourrage, enfin et surtout, les asperger d'eau salée. Une livre de sel dans *cinq seaux* d'eau, suffit pour un quintal de fourrage.

Mais si les foins sont trop profondément altérés, surtout *vasés, pourris* ou *moisis,* toutes ces précautions sont inefficaces et on doit les jeter au fumier plutôt que les donner à manger aux animaux; c'est beaucoup plus sûr et plus économique.

On désigne sous le nom de *pailles*; les tiges et les feuilles des plantes céréales dépouillées de leurs grains et destinées à servir de nourriture ou de litière au bétail.

Pailles.

9

Il y a environ *quatorze* sortes de pailles usitées en hygiène; ce sont : 1° la paille de froment ou paille proprement dite; 2° la paille d'orge; 3° de seigle; 4° d'avoine; 5° de maïs; 6° de millet; 7° de fèves; 8° de lentilles; 9° de haricots; 10° de pois; 11° de vesces 12° de sarrazin; 13° de colza; 14° de gesses.

Les pailles en général n'ont pas une très grande valeur nutritive; il en est pourtant quelques-unes, telles que celle de froment, qui, a elles seules, peuvent entretenir des animaux inoccupés. Mais la plupart ne peuvent servir à la nourriture du bétail que comme *lest* destiné à distendre les organes digestifs et économiser le foin. On verra bientôt dans le tableau de classement des aliments selon l'ordre de leur valeur nutritive, le rang que chacune de ces pailles occupe.

Les qualités des pailles, comme celles des foins, dépendent du sol qui les produit, des climats, des saisons, des plantes qui y sont mêlées et du mode de battage des grains.

Caractères des bonnes pailles. Les bonnes pailles ont les tiges pleines, savoureuses, sucrées; les feuilles bien conservées; elles sont exemptes de mélange ou mélangées de plantes de bonne nature, telles que vesces, gesses, lupuline, chiendent, etc. Elles doivent être exemptes des altérations que nous ferons connaître, et livrées à la consommation fraîchement battues. Celles des pays chauds sont plus succulentes que celles des pays froids.

Le mode de battage des grains influe beaucoup sur

es qualités des pailles. Le battage au cylindre ou rou-
eau, écrase les tiges que le soleil dessèche et qui
erdent leur succulence. Il n'en est pas ainsi de celles
attues au fléau ou foulées par les animaux.

Comme les foins, les pailles s'altèrent facilement
et perdent le plus souvent le peu de valeur nutritive
qu'elles possèdent.

Ces altérations sont : la rouille, la carie, le charbon et la moisissure.

La *rouille* est due à l'existence d'un petit champignon appelé *uredo* qui se développe principalement
sur les blés, et se présente sous la forme de petites
taches rougeâtres ou brunes qui laissent échapper,
quand on secoue la plante, une poussière rougeâtre.
Ce champignon noircit les pailles, et par sa poussière,
nuit beaucoup aux bestiaux.

La *carie* est une maladie qui affecte principalement
les épis et les grains mêmes, et se communique au
reste de la plante qu'elle altère profondément.

Il en est de même du *charbon* qui se présente dans
le blé, et surtout le maïs, sous la forme de tumeurs
noires plus ou moins volumineuses, laissant échapper
une poussière noire et abondante qui se dépose sur la
plante et l'altère.

La *moisissure* résulte de l'humidité des locaux ou
des mauvais soins de l'emmagasinage.

Les pailles peuvent en outre être terreuses, vasées,
sablées, lorsque les plantes ont versé à la suite de
pluies trop abondantes ou que le terrain détrempé par
les eaux a déposé sur elles.

Altérations
des pailles.

Ces altérations sont toutes nuisibles ; on peut le combattre par les moyens indiqués à l'article foin mais il vaut mieux, quand on peut le faire, jeter le pailles altérées au fumier ou en faire de la litière.

On conserve les pailles comme les foins, en les em magasinant ou en les mettant en meules, et en prenan les mesures indiquées à l'article *Conservation de foins*.

Balles, cosses de grains ou graines. Les enveloppes des fruits secs, balles de blé, d'a voine, de seigle, cosses de pois, fèves, haricots, etc., qu'on laisse généralement perdre, peuvent êtr avantageusement données aux bestiaux. Mais comm les balles sont légères, chargées souvent de poussière; que les cosses des légumes sont dures, coriaces, il es bon, avant de les administrer, de les faire tremper dans l'eau, les arroser de sel ou les mêler à des tour teaux délayés, des pommes de terre écrasées ou autres racines. Ce mélange convient beaucoup à tous les animaux, mais surtout à ceux que l'on veut engraisser et aux vaches laitières.

Gerbées. On appelle *gerbées*, les plantes céréales ou légumi neuses, fauchées avant leur entière maturité et dessé chées avec leurs graines ou grains, pour servir à la nourriture des animaux.

Les gerbées, formées généralement du mélange de deux à trois plantes différentes, mais surtout d'avoine et de vesces, sont pour les animaux herbivores un aliment de première qualité. Elles réunissent l'avan tage de fournir par les tiges et les feuilles, le ligneux nécessaire à lester les organes, et par les graines, de riches principes nutritifs. On ne saurait donc assez répandre la méthode des gerbées ; mais il faut avoir le soin de faucher les plantes au moment où les cosses sont formées. Trop tard, elles s'ouvrent par la dessiccation, et les graines tombent et se perdent. Toutes les céréales et les légumineuses peuvent servir à faire des gerbées.

De tous les temps les feuilles de certains arbres ont servi à la nourriture des bestiaux. Les anciens en fesaient un grand usage ; et, sous ce rapport, comme sous tant d'autres, nous avons le mauvais esprit de ne pas les imiter. Cependant, le père de notre agriculture française, Olivier de Serres, voulait, dans son Théâtre d'Agriculture, que l'on en *baillât au bestail l'hyver, non tant pour allongement de fourrage que pour friandise de pasture.*

Feuilles.

Malgré la recommandation si expresse de cet agronome célèbre, l'usage des feuilles d'arbres est aujourd'hui restreint à quelques rares contrées de la France. Il faut donc le propager comme chose utile, économique. Que de contrées arides, incultes, où ne peuvent prospérer ni les prairies permanentes, ni les temporaires, et où croîtaient admirablement plusieurs espèces d'arbres consacrées à cet usage!.. On dépouille bien le mûrier de ses feuilles pour nourrir les vers à soie. Pourquoi ne dépouillerait-on pas d'autres arbres pour nourrir le bétail?

Cet usage est généralement répandu en Italie, où

les champs sont tous entourés d'arbres. Nous préférons déboiser nos coteaux et nos plaines, au grand préjudice de notre agriculture, ou laisser pourrir les feuilles sur la terre, plutôt que de les ramasser, même lorsque nous manquons de foin.

Les arbres qui fournissent le plus et les meilleures feuilles, sont : *l'orme, le chêne, le peuplier, l'érable, le saule, le frêne, l'hêtre, l'acacia, le châtaignier, le charme, l'aulne, le bouleau, le noisetier, le cerisier et les autres fruitiers ; enfin, l'olivier et la vigne.*

Les feuilles des arbres sont données vertes ou sèches. Dans le premier cas, elles ne conviennent guère qu'aux moutons, chèvres, vaches et bœufs d'engrais. On les leur fait brouter sur place. Dans le second, elles peuvent être données l'hiver à tous les animaux herbivores sans distinction. On les ramasse à leur maturité avant qu'elles jaunissent ou tombent. On les fait sécher comme les autres fourrages, et on les conserve comme cela se pratique en Italie, en Suède et même en France, dans le Lyonnais, c'est-à-dire dans des cuves ou fosses, à l'abri de tout contact de l'air, ou mieux encore dans l'eau salée.

Pour les chèvres et pour les moutons, il est assez d'usage d'émonder tous les trois à quatre ans, et en pleine végétation, les peupliers, saules, hêtres et noisetiers ; d'en faire des fagots que l'on fait sécher et qu'on leur distribue ensuite l'hiver, en nature, branches et tout dans les râteliers.

Les grains sont les fruits secs et détachés des plantes graminées ou céréales ; blé , avoine , orge , seigle , etc.

Les graines, des mêmes fruits , mais provenant de plantes légumineuses , fèves, pois, lentilles, etc.

Les grains et les graines doivent-être lourds, secs , gros, pleins, brillants , doux au toucher, glissant facilement dans la main quand on les presse , et débarrassés de tout corps étranger, terre , sable, balles, poussières, graviers. Tous ces caractères sont pourtant loin de donner la mesure de la valeur nutritive des graines et grains ; mieux vaut cent fois les peser, le poids donnant la mesure exacte de leurs qualités. Aussi , dans l'armée, la ration n'est plus donnée au litre, mais au poids.

Les principaux grains, servant à la nourriture de nos animaux domestiques, sont : *l'avoine*, *l'orge*, *le seigle*, *le maïs*, *le froment et le sarrazin*.

L'avoine est le plus usité de tous les grains pour le cheval, le mulet et l'âne. Quoique peut-être moins nutritive que la plupart des autres grains, l'avoine leur convient plus particulièrement et leur donne de la chaleur, de la force, de l'énergie, sans les développer outre mesure. On la donne encore avec avantage aux bœufs de travail , dont elle augmente la force musculaire et active la digestion. On dit qu'elle fait pondre les volailles.

Il y a plusieurs qualités d'avoine : il y en a de blanche, de noire, de grise, de jaune, de rousse, etc. ; nous nous occuperons peu de ces variétés, attendu qu'elles résultent, le plus souvent, de la nature du sol, des accidents atmosphériques et de l'époque où on la sème. Celle du printemps est le plus souvent blanche. Au reste, la couleur ne fait rien à la qualité; mais la plus noire est généralement la meilleure.

- Orge.   L'orge forme presque à lui seul la nourriture des chevaux arabes, persans, turcs et espagnols. On en fait également un grand usage en Angleterre, et pourtant, en France, l'orge est considéré comme très nuisible aux chevaux, qu'il prédispose aux maladies inflammatoires, à la fourbure surtout. Est-ce un préjugé, une action spéciale du climat, tant sur la plante que sur l'animal, ou bien un effet de l'habitude? C'est à l'expérience à se prononcer.

Pour atténuer les effets vrais ou supposés de l'orge, il convient de le mêler à d'autres substances, à d'autres grains; de le moudre, concasser, et, enfin, de le donner en petite quantité. L'orge en grains, engraisse bien la volaille; et en farine, les porcs.

Seigle.   Quoique plus nutritif que l'orge, le seigle est peu employé à la nourriture des bestiaux. On ne le donne guère qu'en farine pour engraisser les bœufs et les porcs, ou rétablir les animaux épuisés par les maladies, les fatigues ou l'allaitement.

Nous pensons que l'on pourrait l'utiliser davantage, en le mêlant à des fourrages ou d'autres grains peu substantiels. Il est très nourrissant.

Maïs.   On n'emploie guère le maïs que pour engraisser les animaux domestiques, et, sous ce rapport, il remplit

admirablement son but. Il faut voir jusqu'à quel point
l pousse l'engraissement des oies, des canards et des
porcs dans le Languedoc et la Gascogne. Nous nous
rappelons avoir vu à Toulouse des lards de *vingt-cinq
centimètres* d'épaisseur, et des oies de *quinze kilogrammes* pièce.

Le maïs est, au reste, pour tous les animaux, une
excellente nourriture. Mais il faut le concasser ou le
réduire en farine grossière.

Les Américains ne donnent pas d'autre grain à
leurs chevaux, et ils sont beaux, vifs et vigoureux.

En France, nous devrions en faire un plus grand
usage.

Il y a plusieurs espèces de froment que nous ne ferons pas connaître, parce que ce grain étant exclusivement réservé à la nourriture de l'homme, on le
donne peu aux animaux. Il est, le plus souvent,
beaucoup trop cher pour cela.

On appelle sarrazin, ou plus communément blé
noir, un grain anguleux et noir provenant d'une
plante assez généralement répandue dans les pays
arides et montagneux.

Ce grain, employé dans ces malheureux pays à la
nourriture de l'homme pauvre, peut, selon Thaër et
Mathieu de Dombasle, parfaitement remplacer l'a-
voine pour les chevaux.

Grognier prétend qu'en Auvergne on en engraisse
les bœufs, les moutons, les porcs et les oiseaux.

Nous n'avons jamais eu l'occasion de vérifier aucune de ces assertions. Cependant, nous avons vu de fines poulardes que l'on nous a assuré avoir été engraissées avec le sarrazin.

Graines. Les principales graines employées en économie rurale sont : les fèves, les pois, les lentilles, les vesces et les gesses.

Fèves. Il y a plusieurs espèces de fèves. Les plus employées, sont les féverolles ou fèves de cheval. Bien récoltées et bien conservées, les fèves forment, pour nos grands animaux, une excellente nourriture. Elles sont fortifiantes, nutritives, et engraissent bien les bœufs, les moutons, auxquels elles donnent une viande fine et succulente. Cependant, elles conviennent moins au porc que le maïs ou les pois.

Pois. Les pois doivent être principalement consacrés à l'engraissement de nos animaux. Ils communiquent à leur viande une succulence, une fermeté, un parfum qui la fait rechercher des gourmets.

Gesses. Les gesses sont très recherchées des animaux. Elles les nourrissent mieux que l'orge ou l'avoine avec lesquels on les mêle souvent.

Lentilles et vesces. Les lentilles et les vesces nourrissent également bien les bestiaux ; mais il faut les donner avec précaution, parce qu'elles les échauffent. Les pigeons sont très avides de vesces.

Fenugrec. Il y a une autre graine assez généralement répandue, qu'on appelle fenugrec et qui nourrit très bien les chevaux. Elle a la propriété de relever leurs forces digestives, de remettre assez promptement ceux qui sont épuisés. Les maquignons en font un grand usage.

Les graines et les grains étant sujets aux mêmes altérations que les pailles, nous y renvoyons le lecteur.

Le son n'est autre chose que l'écorce des grains soumis à la mouture. On ne donne guère aux animaux que celui de froment.

Son.

Le son, comme aliment, n'a de valeur que par la farine qu'il contient. Autrefois, il valait quelque chose; mais depuis que l'on a tant perfectionné la mouture et le bluttage des farines, les sons ne contiennent guère que l'écorce, la pellicule externe du froment.

On connaît vulgairement deux espèces de sons : le gros et le fin, ou recoupe. L'un et l'autre ne doivent être donnés aux animaux qu'avec modération et frisés, c'est-à-dire légèrement mouillés, afin que la respiration de l'animal ne les fasse envoler. Donné en trop grande quantité, le son fatigue l'estomac et occasionne des indigestions fort graves. Les animaux nourris au son jouissent d'un certain embonpoint; mais ils sont mous, lourds, et suent au moindre exercice.

Les sons s'altèrent facilement et deviennent alors impropres à la nourriture, et même dangereux pour les bestiaux. Ces altérations se reconnaissent à la couleur qui a pâli ou noirci, et à l'odeur aigre, acide ou repoussante qu'ils répandent. Ils se moisissent aussi quelquefois.

Fruits.

Dans certaines contrées de la France, les châtaignes, marrons d'Inde et glands, sont donnés en nourriture aux bestiaux.

Chataigne, Marron d'inde.

Ces fruits servent généralement à l'engrais des porcs. La châtaigne, en particulier, communique à la viande une saveur et un parfum très-agréables.

Gland.

La châtaigne, le marron d'Inde et le gland, peuvent être également donnés au cheval, au bœuf, au mouton et aux oiseaux de basse cour. Mais il faut, préalablement, les faire macérer dans l'eau, torréfier dans un four, ou mieux les faire cuire, afin de pouvoir les écraser, concasser, ou réduire en pâte, et qu'ils soient plus favorables aux animaux.

Ces fruits sont toniques, fortifians et conviennent beaucoup aux ruminans, surtout dans les saisons et les pays humides.

Pommes et poires.

On donne aussi quelquefois et dans certaines contrées des pommes et des poires. Quoique recherchés de certains animaux, ces fruits ne nourrissent nullement.

Racines et tubercules.

Parmi les racines connues, les plus usitées dans l'alimentation des bestiaux, sont la carotte, la rave, la betterave et le navet.

Parmi les tubercules, la pomme de terre et le topinambour.

Betteraves et carrottes.

Toutes ces racines forment un excellent aliment pour nos bestiaux. Elles engraissent bien, donnent de la bonne viande et du bon lait, mais ne conviennent guère aux animaux de travail que comme moyen de combattre les effets d'une nourriture sèche et échauffante, trop longtemps prolongée. Les racines sont donc rafraîchissantes, et comme telles, elles ne doivent jamais former la base de l'alimentation des animaux de travail, mais une petite ration après le repas de fourrage et de grain, leur fait le plus grand bien.

Tout ce que nous venons de dire à propos des racines, peut parfaitement s'appliquer aux tubercules, pommes de terre et topinambours.

Les tubercules, comme les racines, nourrissent bien, engraissent même les animaux, mais ne leur donnent aucune force, aucune vigueur ; ceux de travail suent au moindre exercice. Il faut même dire, qu'en général, les racines et les tubercules préparent plutôt à l'engraissement qu'ils ne le font, car il n'y en a pas de bon, de parfait, sans graines ou grains.

Cependant nous engageons vivement les propriétaires, fermiers et cultivateurs à étendre la culture des racines et des tubercules qui donnent proportionnellement à la quantité de terrain, beaucoup plus de substances alimentaires que les prairies, et dont on peut faire en outre manger les fânes ou feuilles.

Quoique moins nourrissants que les grains et les foins, les racines et les tubercules ont l'avantage énorme de combattre les fâcheux effets de ces derniers, de prévenir les maladies inflammatoires, et de concourir puissamment à maintenir les animaux dans un bon état de santé. Tout le monde connaît les excellens effets des carottes sur les chevaux atteints de pousse ou de vieilles maladies de poitrine.

Les résidus des fabriques d'huile ; *tourteaux* ; *trouilles; nougats*, des fabriques de sucre de betterave, de bière, d'amidon, d'eau-de-vie de grains ou de pommes de terre, les marcs de raisins, etc., sont d'excellens auxiliaires pour l'aliment de nos bestiaux. Mais on ne doit pas les donner seuls, il faut les mêler à d'autres substances, les délayer dans l'eau.

Les résidus des fabriques sont en général très-nourrissans ; ils tiennent leurs qualités et leurs défauts des racines, grains ou fruits d'où ils proviennent.

Les animaux se refusent le plus souvent à les manger au premier abord ; mais, avec quelques précautions et un peu de patience, on les y habitue bientôt et ils en deviennent avides. Le marc de raisins est surtout estimé des moutons auxquels il fait le plus grand bien. Grognier pense que *un kilo* de ce marc équivaut à *trois kilos* de foin. Cette proportion nous paraît un peu exagérée. Mais nous avons constaté sur un troupeau de moutons nous appartenant, que le marc de raisins les nourrisait très-bien et les préservait en outre de la pourriture. M. Huzard père prétend que donné seul, il enivre les animaux et fait tourner le lait des vaches.

On conserve les résidus de fabrique et le marc de raisins en les faisant sécher, ou bien en les enfermant dans des caisses, cuves ou fosses, à l'abri du contact de l'air.

Le porc se trouve très-bien de la viande crue ou cuite, qui l'engraisse très-rapidement. C'est là un des bons moyens d'utiliser la viande des cadavres de nos animaux qui ne sont pas morts de maladies contagieuses, au lieu de les enfouir. Mais il y a là un préjugé difficile à vaincre.

Des écrivains prétendent que les Irlandais nourrissent leurs chevaux et leurs vaches avec du poisson, et les Arabes leurs fiers coursiers avec du lait de chamelles et des moutons cuits.

M. Hamont a lu, il y a quelques années, à l'académie de médecine de Paris, un mémoire fort intéressant, où il représentait l'Arabe à table avec ses fidèles coursiers auxquels il donnait et distribuait un mouton ou un jeune chameau. Cela avait au moins le mérite de l'originalité.

Nous ignorons jusqu'à quel point des animaux qui ne vivent que d'herbe, dont tous les organes sont faits pour l'herbe, peuvent vivre et s'accommoder de viande cuite ou crue; mais nous savons, pour l'avoir employé nous-même, que les herbivores, épuisés par de longues maladies ou de grandes fatigues, se trouvent très-bien des bouillons de viande pris en boissons ou en lavemens; le lait leur est également administré avec avantage.

Lorsque l'on a des substances alimentaires légèrement altérées, que les animaux ne mangent pas bien; quand ils ont l'appétit lent ou qu'on veut exciter les organes de la digestion dans le but d'activer l'engraissement, on asperge, saupoudre, assaisonne les aliments de substances propres à produire les effets voulus. On a donné à ces substances le nom de *condiments*.

Le condiment le plus usité, le plus commode, est le sel. Il y a deux espèces de sel : le *sel gemme*, que l'on trouve tout formé dans le sein de la terre, et celui qui provient de l'évaporation des eaux de la mer, ou *sel marin.*

Le sel marin est celui que l'on emploie le plus généralement, soit pour l'homme, soit pour les animaux. Rarement pur, le sel marin est tantôt blanc, tantôt gris, tantôt noirâtre, selon les substances étrangères qu'il contient. Le gris est celui que l'on doit préférer pour les bestiaux.

Le sel se trouve en rudiment dans la plupart des corps de la nature, plantes et animaux. Un impôt malheureux en a jusqu'à ce jour restreint l'usage. Aujourd'hui que cet impôt est diminué, en attendant qu'il soit aboli, espérons que son usage se répandra comme il le mérite, non-seulement en hygiène, mais en agriculture pour la conservation des fourrages, le fumage et l'engrais des terres. Tous les vétérinaires et agronomes célèbres, français et étrangers, *Bourgelat, Lafosse, Husard, Grognier, Thaër, Dombasle, Moll, Sinclair, Crud, Daubenton,* etc., conseillent l'usage du sel et le déclarent très-avantageux. M. *Boussingault* seul a publié récemment quelques expériences qui tendraient à établir qu'il ne produit sur les animaux aucun des effets qui lui sont attribués. Quelque confiance que nous inspire le haut savoir de **M. Boussingault**, nous n'hésiterons pas à nous prononcer contre lui jusqu'à plus concluantes preuves.

Il a été reconnu jusqu'à ce jour par tous les expérimentateurs compétens, que le sel agissait sur les animaux, en régularisant les fonctions, excitant les organes, ceux de la digestion et de la circulation surtout, en favorisant l'engraissement et leur donnant de la force, de la vigueur, pour résister à l'action des causes morbifiques. Il convient principalement aux bœufs, aux chèvres, aux moutons et à tous les animaux à tempérament faible, à constitution molle, aqueuse, lymphatique.

Cependant le sel, comme toutes les bonnes choses, peut devenir nuisible si on en abuse. Il est donc essentiel d'en régler l'emploi. La dose varie, dans les auteurs, de trente grammes à cent cinquante par jour, pour les grands ruminants, bœufs, vaches, et de *cinq* à *vingt-cinq* pour les petits chèvres, moutons. Celle du cheval est de *vingt* à *soixante*. Nous pensons que les doses portées au tableau ci-joint sont les plus convenables. Doses.

TABLEAU

Des doses de sel qui conviennent aux animaux domestiques :

Bœuf de travail.	Adulte, de taille moyenne, par jour et par tête.	65 grammes.
Bœuf d'engrais.	De poids moyen.	90 à 125 grammes, suivant la période d'engraissement.
Vache à lait.	De taille moyenne.	60 grammes.
Cheval, Mulet.	Id.	35 grammes.
Porc d'engrais.	De poids moyen.	25 à 50 grammes, selon la période d'engraissement.
Moutons.	Par tête.	10 grammes.

Distribution du sel.

On donne le sel en nature, dissous dans l'eau ou mêlé à d'autres substances.

En nature, on le pulvérise et le donne à la main aux jeunes animaux, qui viennent d'eux-mêmes le prendre, ce qui les familiarise avec l'homme et contribue à les rendre dociles ; ou bien on l'enveloppe dans des sachets de toile, que l'on suspend dans les bergeries, et que les moutons et chèvres vont lécher à loisir. Ailleurs, on remplace les sachets ou nouets par de gros cristaux de sel naturel ou sel gemme. Les animaux refusent souvent de prendre le sel au début; on leur ouvre alors la bouche et on leur en frotte le palais et la langue. Il suffit de pratiquer cette opération quelques fois pour les habituer à le prendre d'eux-mêmes.

Dissous dans l'eau, on en asperge les fourrages, aiguise les boissons.

Enfin, on le mêle aux farines des grains et à d'autres substances, selon les indications. On en fait encore des pâtes, des bols ou pilules, que l'on administre aux animaux.

On a voulu remplacer le sel par l'eau *ferrée* ou *rouillée*, l'*ail*, les *ognons*, le *poivre*, le *soufre*, la *gentiane*, le *genièvre*, le *vinaigre*, etc.; mais toutes ces substances ont des effets spéciaux qui ne peuvent en rien équivaloir à ceux du sel.

Il ne suffit pas d'avoir fait un bon choix d'aliments, de les avoir récoltés et conservés avec le plus grand soin; il faut encore les préparer, c'est-à-dire les mettre dans les conditions les plus favorables, afin qu'ils soient mangés avec plaisir, digérés sans difficulté, et qu'ils fournissent aux animaux le plus de principes nutritifs possible.

Préparation des alimens.

Dans ce but, on fait subir aux aliments diverses préparations, dont nous allons indiquer les principales.

Les fourrages en général, foins, pailles, etc., sont coupés, hachés, au moyen d'un instrument spécial, appelé hache-paille. Dans cet état de division, on

Hachage.

peut les mêler avec tous les autres alimens. Les animaux les mangent mieux et il s'en perd moins, c'est donc une économie.

Quoique donnés le plus souvent en nature, il y a un avantage énorme à faire moudre, macérer ou cuire les grains; ils sont plus faciles à digérer, fatiguent moins les organes, et l'on n'a pas à craindre de les voir rejeter intacts avec les excréments.

Les racines, tubercules et fruits secs sont également donnés le plus souvent en nature, nous le savons. On gagne pourtant beaucoup à les couper, écraser, presser ou faire cuire. On évite par là des accidents et surtout des échauffements, des diarrhées, que l'excès d'eau et les principes âcres que contiennent certains fruits, racines et tubercules occasionnent aux bestiaux. Mais la préparation la plus avantageuse est la cuisson.

La cuisson, en effet, modifie profondément les aliments. Elle donne aux uns la possibilité d'être consommés par les animaux, en ramollissant leur substance trop coriace, trop dure, ou garnie d'aiguillons comme les orties, les chardons, les laiches; aux autres, elle enlève et dissout des principes âcres, nuisibles, qui en rendaient l'alimentation dangereuse ou bornée. Enfin, dans tous, elle augmente, développe les facultés nutritives et digestives.

Il est en effet reconnu aujourd'hui que les foins gagnent à la cuisson un tiers de valeur nutritive; c'est-à-dire que *vingt kilogrammes de foin cuit* nourrissent aussi bien que *trente* de foin cru ; que les pommes de terre acquièrent un *douzième* en poids, tout en perdant le principe âcre qui, dans l'état de crudité, détermine chez le bœuf, des diarrhées désagréables, et chez le cheval et le mulet des ulcérations à la bouche.

La cuisson a, en outre, l'avantage de faciliter et permettre le mélange des aliments, ce qui n'est pas d'une médiocre considération pour la santé des bestiaux.

On fait cuire à l'eau les aliments secs, foin, paille, grains, etc.

Les aliments aqueux, carottes, pommes de terre, se font cuire à la vapeur. Il suffit, pour cela, de placer un tonneau percillé de trous à un bout, sur la chaudière d'un fourneau ; on remplit ce tonneau des aliments que l'on veut faire cuire, et une fois plein, on bouche bien le bout supérieur et on laisse ainsi le tonneau exposé à la vapeur qui s'élève de la chaudière et qui pénètre par les trous, tout le temps nécessaire à la cuisson.

Pour éviter les frais de cuisson, on a imaginé de faire fermenter les aliments avant de les donner aux animaux ; ce procédé est surtout suivi en Allemagne. Il n'y a encore en France, que nous sachions, que quelques expérimentateurs qui en aient fait usage. Voici comment il se pratique :

On a un tonneau, ou mieux, une caisse assez grande pour contenir la nourriture nécessaire à tous les animaux pendant un jour. On met dans cette caisse un mélange d'aliments de nature et de qualité différentes, foin, pailles hachées, racines, tubercules, feuilles, grains, balles, etc., que l'on tasse bien et qu'on arrose d'eau froide ou mieux chaude. On ferme très exactement cette caisse, et après *trois jours* environ, la fermentation a été suffisante, on peut distribuer cette nourriture.

Avantages
de la
fermentation. Ce moyen qui peut, jusqu'à un certain point, remplacer la cuisson, et qui, comme elle, augmente la valeur nutritive des aliments, donne encore l'avantage de pouvoir faire consommer, dans ce mélange, des substances avariées ou d'une nature telle qu'elles n'auraient pu seules servir à l'alimentation des animaux.

Avec *quatre caisses* ainsi disposées, on en vide une et on en remplit une autre tous les jours; mais il ne faut jamais laisser trop avancer la fermentation, parce qu'elle détruirait tous les principes alimentaires. Il suffit habituellement de *trois jours* pour la porter au point convenable; mais le climat et les saisons peuvent et doivent allonger ou abréger ce délai.

Un agronome allemand, M. Wulfen, nourrit depuis longtemps ses bœufs de labour avec un mélange de pommes de terre et de paille hachée fermentée dans l'eau salée. *Douze à quatorze kilos* de ce mélange suffisent par jour au bon entretien de chaque bœuf.

Mathieu de Dombasle a remarqué que plus les aliments du porc étaient aigres, c'est-à-dire fermentés, plus ils les aimaient et plus leur engraissement était rapide. Aussi propose-t-il, à cet effet, de mêler un demi-hectolitre de farine de grains, pois, maïs, orge, sanahui, etc., à deux ou trois hectolitres de pommes de terre écrasées chaudes, et d'y ajouter quelques livres de levain bien aigri. On peut nourrir le porc pendant huit à dix jours avec ce mélange; car, plus il est aigre, meilleur il est.

Lorsqu'on ne fait point cuire, moudre ou concasser les graines et les grains, on doit au moins les faire macérer, c'est-à-dire les laisser tremper un certain temps dans un liquide, afin que se gonflant, ils deviennent plus faciles à broyer et à digérer. C'est ce qui a lieu dans la germination; or, on sait que les grains et les graines germés sont plus nourrissants que les secs.

Une nourriture identique trop longtemps prolongée nuit autant aux animaux qu'aux hommes. Il faut donc la varier, c'est-à-dire changer et mêler la nature des alimens.

Mélange
des alimens.

Ces changements et ces mélanges seraient faciles si l'on fesait subir aux aliments les préparations dont nous venons de parler; mais il n'en est pas ainsi malheureusement en France, où la nourriture est généralement donnée aux animaux sans aucun soin ni précautions. Il importe cependant d'abandonner ces habitudes routinières pour suivre les préceptes que la science et l'expérience ont posés et que nous venons d'indiquer.

La règle à suivre dans les mélanges consiste à joindre les aliments doux aux excitants ; ceux qui sont trop nourrissants à ceux qui ne le sont pas assez ; en un mot, à corriger les défauts des uns par les qualités des autres.

Dans certaines contrées de la France, l'Auvergne, la Flandre, le Lyonnais, etc., on fait avec les résidus des fabriques, pulpes, tourteaux, marcs ; avec les sons, grains ou graines moulus ; les racines, tubercules, herbes et feuilles cuits, et délayés dans l'eau ou le vin affaibli (piquette vinade), des espèces de soupes qui, selon les contrées, ont reçu les noms de *Buvées ; Lavailles ; Provendes, Bachassées.*

Ces soupes sont très favorables à la santé des bestiaux ; on devrait en répandre l'usage et l'étendre aux chevaux, au lieu de les restreindre presque exclusivement aux bœufs et aux vaches laitières.

Quelques expérimentateurs ont poussé leurs essais jusqu'à nourrir leurs animaux avec du pain. Les chevaux paraissent se bien trouver de ce régime ; ceux surtout qui sont soumis à des travaux rudes, comme la malle-poste ou les messageries.

Ce pain est fait de diverses manières ; mais il a presque toujours pour base la farine de grains, les pommes de terre cuites et la paille hachée ou moulue.

On s'accorde à dire que *deux kilogrammes* de ce pain nourrissent mieux que *quatre* du meilleur foin.

Cette pratique est depuis longtemps usitée en Suède, en Allemagne, en Angleterre ; en France, elle n'a pas encore prévalu et tout s'est borné à des essais.

TABLEAU

Comparatif de la valeur nutritive des aliments, ou résumé des travaux et des expériences des Chimistes et Agronomes les plus célèbres, Davy, Springell, Boussingault, Dumas, Thaër, Crud, de Dombasle, etc., etc.

Tous les aliments étant comparés au bon foin naturel, ou de prairie permanente, il faut, pour remplacer 100 kilogrammes de ce foin :

Foins.
- 90 kilog. de trèfle.
- 90 de luzerne.
- id. de sainfoin.
- id. de vesces fauchées en grains.
- id. de spergule.
- 100 de millet.
- 180 de trèfle incarné

Feuilles sèches.
- 105 kilogr. de frêne.
- 105 d'érable.
- id. d'orme.
- id. d'acacia.
- 125 de peuplier.
- id. de tilleul.

Pailles.
- 125 kil. de lentilles.
- 125 d'haricots.
- 150 de vesces.
- id. de pois.
- id. de millet.
- 200 de maïs.
- 220 de féverolles.

Pailles.
- 220 kilog. d'avoine.
- 250 d'orge.
- 280 de froment.
- 350 de seigle.
- 600 de sarrazin.

Balles, Cosses, Siliques.
- 120 de céréales.
- 150 de légumineuses.
- 200 de colza-choux.

Racines et Tubercules.
- 220 de pommes de terre.
- 240 de rutabagas.
- 260 de carottes.
- 250 de choux-raves.
- id. de betteraves.
- id. de topinambours.
- 420 de navets.
- 550 de raves.
- 700 de courges.
- 310 de panais.

Suite du Tableau.

Tourteaux.	55 kilog.	de lin.
	50	de colza.
	80	de pavot.
	110	de chénevis.
	110	de cameline.

Résidus.	150	des amidoneries
	250	des féculeries.
	225	des sucreries.
	330	d'eau-de-vie de grains.
	600	d'eau-de-vie de pomme de terre
	200	de marc de raisin.
	350	de fruits.

Herbes ou Fourrages verts.	150	d'ajonc écrasé.
	250	de jarosse.
	275	de maïs.
	325	de spergule.
	350	d'avoine.
	id.	de seigle.
	360	de sainfoin.
	370	de vesces.
	380	de pois.
	485	de trèfle.
	id.	de millet.
	id.	de sarrazin.

Feuilles, Herbe et Fourrages vert	430 kilog.	de seigle.
	id.	de froment.
	450	d'herbe des prés
	id.	de luzerne.
	475	de colza.
	id.	de navette.
	id.	de topinambour
	500	de choux cabus
	id.	de rutabagas.
	600	de betterave.
	660	de choux.
	700	de pommes de terre.

Graines et Grains.	40	de froment.
	id.	de lentilles.
	id.	de fèves.
	id.	de pois.
	id.	de vesces.
	45	de haricots.
	id.	de maïs.
	id.	de seigle.
	50	d'orge.
	id.	de sarrazin.
	52	d'avoine.
	55	d'épautre.
	70	de tournesol.
	60	de châtaignes.
	75	de glands.
	id.	de marrons d'inde.
	160	de sons.

Les chiffres de ce tableau ne sont donnés que comme base, comme moyenne approximative, pouvant servir de guide ou règle de conduite à l'égard de substitution d'un aliment à un autre. Les résultats obtenus par les divers expérimentateurs sont loin d'être identiques, les différences sont même quelquefois considérables. Et cela se conçoit, lorsqu'on songe que les expériences ont été faites, souvent, à *deux cent lieues de distance*, et que l'on sait combien le climat, la nature du sol, le mode de récolte et de conservation, peuvent augmenter ou diminuer la valeur nutritive d'un même aliment.

Il est donc impossible de donner quelque chose de fixe, de précis, de déterminé; et ce tableau doit être considéré comme une formule dont l'ordre et les chiffres peuvent changer, mais dont l'utilité est incontestable pour éclairer les propriétaires sur la valeur approximative des divers aliments, et surtout pour leur démontrer combien ils en jettent ou laissent perdre qui peuvent parfaitement concourir à l'entretien des bestiaux.

Les aliments ne doivent pas être distribués aux animaux indifféremment et sans choix. Il importe, au contraire, de donner à chaque espèce ceux qui conviennent le mieux à sa nature, à son organisation. Les effets des aliments ne sont pas toujours en rapport avec les principes qu'ils contiennent, mais bien avec le plaisir qu'éprouvent les animaux en les mangeant. Donner donc au bœuf ce qui convient au che-

§ 1er.
Distribution
des alimens.

val, et *vice versa*, c'est manquer d'économie, gas
piller, et perdre une partie de la valeur nutritive de
aliments.

Les bœufs, avec leurs grands estomacs, se conter
tent très bien des aliments ordinaires. Ils aiment le
fourrages longs et même un peu grossiers. Ils préfé
rent la quantité à la qualité. Tandis qu'il faut au
chevaux, des foins fins, des aliments choisis et nour
rissant beaucoup, sous un petit volume.

Malheureusement, la distribution des aliments es
encore, aujourd'hui, livrée à la discrétion, à la sol
licitude, au discernement d'un enfant, d'une femme
ou bien d'hommes incapables, guidés, le plus sou
vent, par des préjugés ridicules ou des habitude
vicieuses. Il n'est pas rare de voir des propriétaires
et nous en avons vu, qui font boire leurs animaux
lorsqu'ils ont faim, et manger quand ils ont soif
D'autres, qui les laissent mourir de faim quand ils
ne font rien, et les bourrent comme des outres au
moment de partir pour un voyage ou un rude travail
Il n'y a donc aucun ordre, aucune régularité, dans
la distribution de la nourriture. Tout est livré au ca
price, au hasard. Comment ne veut-on pas qu'un
désordre si grand, en amène de plus grands encore

Repas. Les animaux, comme les hommes, et mieux
encore que les hommes, doivent avoir autant que
possible, de la régularité dans les repas. Pour les
chevaux et pour les bœufs, les repas doivent durer
au moins deux heures, une heure environ pour la

consommation des aliments et une heure pour le
repos ou le commencement de la digestion. Les repas,
au nombre de trois, se font généralement le matin,
avant le travail ; à midi et le soir. On y procède de
cette manière : on commence par donner le fourrage,
non en totalité comme on le fait habituellement,
mais par parcelles, afin que les animaux, et surtout
le bœuf, ne le gaspillent pas. A cet effet, un homme
capable doit toujours être là pour faire cette distribution continuelle et veiller à ce que certains animaux
ne mangent pas leur ration et celle des autres. On ne
saurait croire combien cette méthode de donner le
fourrage petit à petit est économique et salutaire pour
le bœuf. Nous avons connu des valets de labour qui
par ce seul fait, et avec des alimens identiques en
qualité et en quantité, tenaient en très-bon état des
bœufs que d'autres voyaient dépérir à vue d'œil.

Lorsque les animaux ont fini leur fourrage, on doit
les faire boire, et ensuite distribuer à chacun la
ration des grains, racines ou sons qui leur est destinée. Il est d'un bon usage, lorsque les animaux ne
font rien ou durant les longues nuits d'hiver, de leur
donner de la paille entre les repas. Dans le temps
court, le repas du milieu du jour est souvent composé de paille seule.

Si l'on n'a pas stratifié les fourrages, on fait des
mélanges pour la cuisson ou la fermentation, comme
nous l'avons indiqué. Il est nécessaire de donner des
aliments mélangés aux animaux, ou tout au moins

d'en changer de temps en temps la nature. Ainsi, on
substitue le sainfoin à la luzerne, à la luzerne le foin
au foin le trèfle et réciproquement. L'uniformité de la
nourriture fatigue les organes et nuit à la santé des
bestiaux. Ce que nous disons des foins s'applique à
tous les autres aliments et nous engageons les propriétaires à sortir de leurs vieux errements et à distribuer ou faire distribuer la nourriture aux animaux
d'une manière plus rationnelle. Ils y trouveront une
économie incontestable et l'agrément d'avoir des
bestiaux toujours en bon état et presque jamais malades ; les maladies provenant, la plupart, de la manière
vicieuse dont on nourrit, élève et soigne les animaux.

Nous insistons sur ce point parce qu'il est capital.
Nous ne pouvons résister au désir de citer, en exemple, ce que nous avons vu dans les Landes. Ce pays
entièrement couvert de sables et de pins, produit
peu de fourrages ; pourtant nous avons vu peu de
contrées où les bestiaux soient en meilleur état ; mais
une sévère économie préside à leur distribution.
Voici comment, de temps immémorial, se fait cette
distribution dans l'espèce bovine. Elle est originale :

Dans toutes les maisons d'exploitation rurale, les
bouveries sont à côté de la cuisine des bouviers. Une
ouverture, une espèce de croisée carrée, fait communiquer les deux logemens, celui des hommes et celui
des animaux. Cette croisée s'ouvre le plus souvent à
côté de la cheminée ; et lorsque le bouvier veut
donner à manger à ses bœufs, il ouvre cette croisée

aussitôt ces animaux viennent y passer la tête par paires. Une barre de bois descend sur leur tête derrière les cornes, et s'oppose à ce qu'ils puissent se retirer. On en met une autre perpendiculaire entre eux, et ils sont pris là comme au joug. Le bouvier s'assied alors devant eux ayant autour de lui et à sa portée trois ou quatre tas d'aliments différents, du foin, de la mauvaise paille, des feuilles, des ronces, des herbes grossières, etc. Il prend une poignée du plus mauvais aliment, en fait un bouchon qu'il enveloppe d'un meilleur et le présente ainsi à un bœuf qui ouvre la bouche et le mange. Cette opération est répétée successivement à chaque animal, jusqu'à ce que, n'en voulant plus, ils refusent d'ouvrir la bouche. A ce signe le bouvier se lève, leur présente un seau d'eau, enlève la barre de sur la tête ainsi que celle de séparation, et ces animaux retirant leur tête de la croisée, se répandent dans l'étable. La régularité de ces repas est telle qu'il nous a été impossible de faire venir à la croisée, ni manger, des bœufs après le repas.

Cette méthode, qui nécessite pour le repas, il est vrai, autant d'individus que de paires de bœufs a, à part cet inconvénient, des avantages énormes; elle met les animaux à la disposition de l'homme et permet de leur faire manger, avec un peu de bon fourrage, tous les aliments que l'on veut. Rien ne se perd ni se gaspille, et nous avons vu, nous le répétons, peu de contrées où les bestiaux soient en meilleur état que dans les sables des Landes.

Il résulte de tout ce que nous venons de dire que l'on doit veiller soigneusement à la distribution des aliments ; établir autant que possible de la variété dans la nourriture, de la régularité dans les repas que l'on doit toujours faire commencer par les aliments de moindre qualité. Cette dernière règle ne doit être intervertie que pour les animaux d'élève ; ceux dont on veut améliorer la conformation ou accroître le volume : il faut, dans ce cas, leur donner d'abord les aliments les plus substantiels, et terminer le repas par les pailles, comme complément ou récréation plutôt que comme nourriture.

Fixation des Rations.

Il nous reste maintenant à fixer la quantité d'aliments nécessaires par jour à chaque animal. Cette quantité variant avec les espèces, la taille, le volume, le tempérament et la nature, la qualité des aliments, il nous est impossible de donner des chiffres exacts, déterminés. Tout sera donc approximatif. Cette question, au reste, a été vivement débattue par tous les écrivains agronomes et vétérinaires. Au lieu de les suivre dans leurs débats, nous nous contenterons de quelques exemples de rations.

Et d'abord il y a deux espèces de rations : la ration d'entretien et la ration de produit. La ration d'entretien est celle qui suffit juste à la vie de l'animal ; celle de produit est l'excédant de la ration d'entretien qui se convertit en viande, forces, graisse, lait, etc.

Fixée au poids de l'animal vivant, ainsi que le pratiquent certains auteurs, la ration d'entretien en foin t de 1/60me de ce poids. Au-dessus de cette limite, ration de produit donne par kilogramme une égale antité de lait et un *dixième* de viande ou graisse; est-à-dire qu'un kilo de ration de produit donne un ilo de lait, et *cent grammes* de viande; deux kilos, eux kilos de lait, et deux cent grammes de viande, ois kilos, trois de lait, et trois cents grammes de iande, etc., etc. Comme la fixation des rations au oids de l'animal vivant, nécessite, sur la propriété, n pont à bascule que tous les propriétaires sont loin l'avoir, ni de vouloir ou pouvoir acquérir, nous préérons, pour plus de commodité, suivre l'ancienne néthode et donner des rations approximatives, au oids des aliments.

Lafosse fixait la ration quotidienne d'un cheval de selle à 3 kil. 1[2 de foin, 5 kilogr. de paille et 9 litres l'avoine.

Bourgelat et l'école de Lyon portaient celle d'un gros cheval de trait à 5 kilogr. de foin, 5 kilogr. de paille et 5 litres d'avoine.

Mathieu de Dombasle prétend que 10 kilogr. de foin, 10 kilogr. de carottes nourrissent parfaitement un grand cheval; mais s'il travaille beaucoup, il faut y ajouter 6 litres d'avoine.

M. de Wulfen donne le matin 5 litres d'avoine et de seigle mélangés avec de la paille hachée et mouillée on répète cette ration à midi, et le soir elle consiste en 2 litres de grains moulus et 4 kilogrammes de foin.

11

Enfin, voici une ration fort économique. Elle se compose, par jour et par tête, de 2 kilogr. de foin, kilogr. de pommes de terre cuites, de carottes crues ou marc de raisin, mélangés à 2 kilogr. de paille hachée et 1[2 kilogr. de son ou farine d'orge, de seigle de pois, et plus 3 kilogr. de paille entière.

M. Dailly donne par jour à ses chevaux de malle poste 2 kilogr. 1[2 de foin, 1 kilogr. 1[2 de pain, kilogr. 1[2 de paille et 5 litres d'avoine.

Les chevaux arabes, dont tout le monde a entendu parler, courent tout le jour dans les déserts suivant les caravanes qui font régulièrement de 25 à 30 lieues par jour et sans prendre autre chose que le soir 4 à 5 litres d'eau, 4 à 5 litres d'orges ou leur équivalent en figues sèches ou dattes.

Pour le Bœuf. Les rations à donner aux bœufs varient, d'après les expérimentateurs, encore plus que celle des chevaux.

Au lieu d'entrer dans des détails scientifiques, longs et inutiles, nous fixerons, selon notre expérience personnelle, la ration d'un bœuf de travail de taille ordinaire à 10 kilogr. de bon foin, 20 kilogr. de paille et 6 litres de fèves ou autres graines macérées dans la piquette ou l'eau salée. Les graines peuvent être remplacées par du marc de raisin, des pommes de terre cuites ou des tourteaux de lin, œillette, chenevis, etc.

M. de Dombasle porte cette ration à 10 kilogr. de foin et 10 kilogr. de pommes de terre cuites ou résidus de distilleries à discrétion.

Le baron Crud parle, pour une vache laitière, de 4
kilogr. de foin et 40 kilogr. de betteraves. Les buvées,
availles, provendes, bachassées, sont d'excellents
aliments pour les vaches laitières dont elles augmen-
tent la quantité de lait.

Au reste, toutes ces rations ne sont qu'approximatives et s'appliquent aux animaux de travail dont nous
nous occupons plus spécialement; on doit les modifier selon qu'elles nourrissent trop ou pas assez, l'état
des animaux étant le meilleur moyen de juger de l'in-
suffisance des rations.

Nous avons pris le foin, la paille. l'avoine et les
pommes de terre pour types de comparaison; il va
sans dire qu'on peut complétement changer la nature
des aliments, faire des rations sans un brin de foin,
un grain d'avoine, si l'on veut, pourvu qu'on donne
aux animaux leur équivalent avec d'autres substances. Il est bon, au contraire, et nous le recommandons, de varier la nourriture des animaux, de changer leur régime, de former des rations avec des
mélanges, de faire cuire ou fermenter les aliments
ainsi que nous l'avons indiqué. On peut, de cette
manière, donner à ceux de travail une nourriture qui ne soit ni trop sèche, ni trop aqueuse, qui,
par conséquent, ne les échauffe, ni les affaiblisse,
mais les tienne dans un parfait état de santé.

Quoique les moutons et les chèvres prennent ordi- Pour les moutons
nairement leur nourriture au-dehors dans les pâtura- et les chèvres.
ges, il est des saisons et des pays où le climat oblige

les propriétaires à les *hiverner*, c'est-à-dire à les nourrir dans les bergeries ; dans ce cas, on a calculé qu'*un kilogramme* de foin ou son équivalent de toute autre nature, suffisait au bon entretien d'un mouton ou chèvre pour 24 heures. La ration de la bergerie de Rambouillet était de *un kilogramme* de luzerne et de 250 *grammes* d'avoine.

Ces animaux s'entretiennent encore avec un kilogramme de paille, un de marc de raisin ou deux kilogrammes de racines.

Ces exemples nous semblent suffire pour fixer les propriétaires ; ils leur serviront de guide dans la distribution de la nourriture ; c'est aux moutons et chèvres, surtout, que les branches d'arbres chargées de feuilles, les glands, marrons d'Inde torréfiés, moulus ou concassés et mêlés au son, marc de raisin, racines, etc., conviennent.

Pour les Porcs. On ne fixe généralement pas la ration des porcs ; ces animaux mangent, avant l'engraissement, tout ce qu'ils veulent, ou plutôt ce qu'ils trouvent. Leur nature *omnivore* leur donne la faculté de manger de tout, des herbes, des grains, des racines, de la viande ; ils sont ordinairement élevés avec beaucoup d'économie jusqu'au moment de l'engraissement où ils reçoivent une nourriture très substantielle. Elle se compose habituellement de graines ou de grains en nature ou moulus, tels que maïs, vesces, pois, fèves, etc.

Le professeur Wiborg recommande la viande

comme les engraissant très rapidement. M. Yvart en a propagé l'usage aux environs de Paris et la viande des chevaux morts s'y est élevée jusqu'à *cinq centimes* le kilogramme.

A ce régime, un porc est gras en trois semaines ou un mois, à raison de 8 kilog. de viande par jour. Ce mode d'engraissement n'est guère praticable que dans les grandes villes où il existe des voiries. Quelque répugnance que l'on puisse éprouver pour la viande de porcs engraissés de cette manière, il est certain que cette viande est très bonne et très savoureuse.

L'engraissement du porc par les pommes de terre, glands, châtaignes, graines ou grains, est le plus usuel. Il se pratique dans la porcherie en laissant peu sortir les animaux et en les tenant dans une demi-obscurité.

Les porcs qu'on élève font ordinairement trois repas par jour. Ceux que l'on engraisse doivent manger plus souvent, mais à petites rations; il est surtout essentiel qu'ils fassent planche nette, comme on dit, c'est-à-dire qu'ils ne laissent rien.

Pour prévenir l'infidélité et remédier à la paresse des domestiques, nous ne saurions trop engager les propriétaires à faire botteler leurs fourrages par ration à l'entrée de l'hiver, après qu'ils ont ressué. Cette méthode est fort bonne, tant sous le rapport de l'économie que sous celui de l'ordre, de la régularité de la nourriture.

Dans aucune circonstance, on ne doit spéculer sur

l'entretien du bétail ; c'est, dit Grognier, la plus triste des économies. Un bœuf mal nourri ne paie pas sa nourriture, s'écrie Mathieu de Dombasle ! s'il est simplement entretenu, tout hectare de terrain qu'il laboure coûte *douze francs*, tandis que ce même travail ne revient qu'à *six francs*, si l'animal est bien nourri.

Cessez donc, propriétaires, cultivateurs et fermiers de nourrir vos bœufs l'hiver à l'étable avec de la paille, même lorsque vous poussez la générosité jusqu'à y joindre quelques poignées de tourteaux de lin délayés dans de l'eau vineuse ? Persuadez-vous bien qu'un animal ainsi entretenu pendant trois mois, n'a plus au printemps la force, l'énergie nécessaire pour rompre la terre et travailler convenablement. Quoi que vous fassiez, quoi que vous lui donniez au moment du travail, vous avez allangui, usé ses organes par les privations ; il ne s'en relèvera pas de sitôt ! Les forces s'en vont vite, mais reviennent fort lentement, lorsqu'elles reviennent. C'est comme une maison qu'on laisse trop se délabrer, il faut des réparations immenses et quelquefois la reconstruction pour la rétablir convenablement.

Les moutons, les bœufs, les vaches laitières et les élèves de toute sorte, prenant dans certaines contrées presque toute leur nourriture dehors, nous devons dire un mot des pâturages en général.

Pâturages. Les terrains herbeux, fauchés ou non, sur lesquels les bestiaux vont brouter ou paître, sont appelés pâturages.

Les pâturages, comme les prairies, sont naturels ou artificiels, c'est-à-dire permanents ou temporaires, selon leur nature et leur durée. Enfin, ceux qui existent sur les bords des rivières ou embouchures de fleuves, et destinés principalement aux animaux d'engrais, ont reçu le nom d'*embouches ou herbages*.

Aujourd'hui, les pâturages d'engrais ou embouches tendent à disparaître, car il est à peu près certain que l'herbe de ces pâturages, fauchée et donnée à l'étable, donne de meilleurs résultats que prise sur les lieux. Il est, en effet, reconnu que les bestiaux, en paissant, font perdre, soit avec les pieds, soit en se couchant ou par leurs excréments, une grande quantité d'herbe qui ne saurait se perdre à l'étable. Il y a donc une double économie que l'on doit s'empresser de mettre en pratique.

Quoi qu'il en soit, les pâturages en général agissent sur les bestiaux par la nature du sol, par leur exposition, par la qualité et la nature de l'herbe.

Les pâturages élevés, à sol aride, où croissent de petites plantes excitantes et parfumées, conviennent très-bien aux moutons, chèvres et chevaux de race.

Les pâturages bas, humides, à sol gras, où les herbes sont abondantes et hautes, conviennent aux bœufs que l'on veut engraisser et à quelques races de moutons à laine longue, spécialement élevés et nourris pour la boucherie.

Enfin, les pâturages intermédiaires, ceux des plaines ou des vallées élevées, conviennent plus particu-

lièrement aux animaux de travail, aux élèves de toute
espèce, dont on veut augmenter la taille et le volume
par une nourriture abondante et nutritive.

Les animaux de travail, bœufs, ou chevaux, ne
doivent être abandonnés dans les pâturages que dans
la belle saison, les jours de dimanche et de fête, ou
quelques heures le soir, après le travail, et lorsqu'ils
ont pris leur ration à l'étable, parce que l'herbe fraîche les affaiblit et les relâche. Pour eux, le pâturage
ne doit être qu'un lieu de récréation, un correctif
d'une alimentation trop sèche, un moyen de les ra-
fraîchir durant les chaleurs de l'été ou de l'automne.
Il ne faut point les y mettre par un temps humide,
brumeux, lorsque l'herbe est mouillée par la pluie ou
une abondante rosée. Ce principe s'applique à tous les
animaux, mais aux moutons surtout, auxquels il suffit d'un séjour de quelque temps dans un pâturage humide, pour contracter la *pourriture* qui les décimera
plus tard. Les moutons ne doivent jamais aller au pâturage dans les prairies basses ou pendant les saisons
humides, sans avoir pris au râtelier, avant de sortir,
une petite ration de fourrages secs et de sel. Rien ne
nuit aux moutons, nous ne saurions trop le répéter,
comme l'humidité. Il faut donc être toujours en garde
contre elle.

Vert.　Dans les pays où les pâturages sont rares ou nuls,
ou l'alimentation des bestiaux mal conçue, se compose
presque exclusivement, toute l'année, de fourrages
secs, on est dans l'habitude de les mettre au vert,

c'est-à-dire de les nourrir pendant un mois environ d'herbe fraîche. C'est, dit M. Favre de Genève, *pour remédier aux maux de la domesticité par un retour momentané vers l'état de nature.*

Comme toutes choses, le vert a ses avantages et ses inconvénients. Il est favorable à tous les animaux qui ont souffert de privations, de mauvaise nourriture, de fatigues ou de maladies longues : à ceux échauffés par une alimentation sèche, trop longtemps prolongée, trop excitante, trop nutritive ; enfin, aux jeunes comme aux vieux animaux, dont les organes sont faibles et demandent des aliments de facile digestion. Mais le vert affaiblit tous ceux qui se portent bien, se sont toujours bien portés et ont été nourris d'une manière rationnelle, c'est-à-dire conforme aux principes que nous avons posés. *[Avantages et inconvéniens.]*

Quoi qu'en disent certains auteurs, l'usage de donner le vert aux animaux nous paraît un assez bon usage, et nous engageons à y persévérer. Cependant, il ne faut pas le continuer trop longtemps pour les animaux de travail, et nous avons déjà dit qu'un mois au plus suffisait.

Les plantes que l'on donne le plus souvent en vert sont : le trèfle incarné, le maïs, le seigle, l'orge, l'herbe des prairies naturelles, et quelquefois le trèfle ordinaire et la luzerne. *[Plantes usitées pour le vert.]*

Le meilleur de tous les verts est sans contredit le trèfle du Roussillon, trèfle incarné ou farrouch. On peut le donner impunément aux animaux, sans rien craindre. *[Trèfle incarné ou farouch.]*

<table>
<tr><td>Orge.</td><td>L'orge forme aussi un excellent vert, mais il a l'inconvénient de porter à l'épi des barbes rudes qui blessent la bouche des animaux et occasionnent quelques désagrémens quand on le laisse trop mûrir.</td></tr>
<tr><td>Seigle.</td><td>Le seigle a l'immense avantage d'être précoce, mais il est bientôt dur et coriace. Le maïs fourrage lui est de beaucoup préférable, il est même supérieur à tous les autres verts pour les bœufs de travail.</td></tr>
<tr><td>Trèfle ordinaire.</td><td>Le trèfle ordinaire ou de Hollande et la luzerne feraient un excellent vert, mais on leur reproche, à juste titre, de déterminer des indigestions, des météorisations ou gonflemens du ventre qui, dans les bœufs surtout, entraînent des accidens rapides et souvent funestes. Cependant, quelques agronomes, et notamment M. de Dombasle, prétendent en avoir fait usage sans aucun inconvénient ; mais ils avaient le soin de les faire donner par petites portions et en petite quantité, et surtout immédiatement après qu'ils étaient fauchés. Il suffit, en effet, de très-peu de temps pour que la fermentation se soit établie, et dans ce cas, le gonflement ou météorisation est inévitable.</td></tr>
</table>

Malgré l'opinion si respectable d'un homme comme M. de Dombasle, nous engageons les propriétaires à être très-circonspects sur l'usage du trèfle et de la luzerne donnés en vert, surtout dans le Midi.

On ne doit jamais faire passer subitement les animaux du sec au vert, ni du vert au sec. Il faut les y amener peu à peu, en mêlant les aliments verts

avec les secs, progressivement, jusqu'à ce que l'un
des deux ait disparu. Sans ces précautions, on s'expose à des indigestions et autres accidens graves.

Il est aujourd'hui démontré, par les travaux de Nécessité de varier
la nourriture.
Dumas, Payen, Boussingault, Liébig, que les élé-
ments ou principes dont les animaux se nourrissent,
c'est-à-dire incorporent à leur propre substance pour
se développer et grandir, existent tout formés dans
les plantes et autres aliments qu'ils consomment.

Un herbivore se mange lui-même, dit Liébig, parce
que ses aliments sont identiques à sa chair, à son
sang. Seulement, chacun de ces aliments contenant
quelques-uns de ses principes ou éléments, mais pas
tous, il devient indispensable, pour le bon développement et la santé des animaux, de changer souvent
d'aliments, en d'autres termes, de varier la nourriture, ou mieux encore, de donner à chaque repas
des aliments de nature différente.

Ces découvertes scientifiques expliquent parfaitement le dépérissement et la mort d'animaux, nourris
long-temps avec un seul et même aliment, des ânes
nourris avec de la fécule; des chiens avec de la graisse.
Ces substances sont pourtant très-nourrissantes, mais
elles ne contiennent qu'un seul principe, et ne peuvent, par conséquent, nourrir seules ces animaux.

Elles expliquent encore ce dégoût instinctif des
hommes et des animaux pour tous les aliments dont
ils font un usage trop prolongé, et doivent, plus que
jamais, nous faire admirer le génie d'Hippocrate,

qui disait, il y a *deux mille deux cents ans* environ :
Il faut varier la nourriture et changer de temps en temps de régime.

§ III.
Boissons.

Les boissons sont le complément des aliments. Elles sont tout aussi nécessaires à l'existence. Dans les animaux, l'eau est l'élément exclusif des boissons, et ce n'est que par exception ou comme remède qu'on leur administre d'autres liquides.

Eau.

On trouve l'eau à la surface de la terre, en sources, lacs, rivières, étangs, etc., ou bien l'homme se la procure en creusant dans le sol des puits, citernes, mares et rivières.

L'eau tient généralement ses qualités et ses défauts des terrains qu'elle traverse et des réservoirs qui la contiennent. La meilleure est celle qui filtre ou repose dans les couches de sable et de gravier. Celle qui provient ou séjourne dans les terrains calcaires, marneux, se charge des sels que ces terrains contiennent, et devient lourde, crue, de difficile digestion.

Caractères de la bonne eau.

Il n'est pas aussi aisé qu'on pourrait le croire, de reconnaître la bonne eau à simple vue. Il en est qui, avec toutes les apparences de limpidité, de fraîcheur, n'est pas bonne, et d'autre qui, brune, verdâtre, quelquefois épaisse, est excellente. Les animaux, véritables appréciateurs, doivent être les seuls juges. Cependant, la bonne eau est ordinairement fraîche, claire, limpide, légère, sans odeur, sans couleur ni saveur. On la reconnaît à ce qu'elle fait bien cuire les légumes, et dissout aisément le savon sans former de grumeaux. Quelques gouttes d'*oxalate d'ammoniaque* ou de *nitrate d'argent* dans un verre d'eau suffisent pour y déceler les sels calcaires qu'elle contient. Il se forme sous leur action un nuage blanc, dont l'épaisseur ou la légèreté indiquent la quantité de sels. Plus ce nuage est léger, plus l'eau est bonne.

Les réservoirs de l'eau sont naturels ou artificiels.

Nous appelons naturels, les rivières, lacs, sources, étangs; et artificiels les puits, citernes, viviers, mares, etc.

En général, les eaux courantes des rivières, sources et ruisseaux ; celles qui se renouvellent, comme dans les lacs, étangs et rivières, alimentés par des sources, sont les meilleures ; elles sont aérées, légères, et d'une température à peu près égale à celle de l'air. *(Eaux de rivières, lacs, étangs.)*

Les eaux stagnantes des mares, marais, rivières, citernes, provenant le plus souvent des eaux pluviales qui tombent des toits, ou des fossés d'écoulement des plaines et coteaux, et dans lesquelles croupissent et fermentent des plantes et de petits animaux, sont généralement mauvaises et pernicieuses. *(De citernes, mares, viviers.)*

Les eaux intermédiaires des fontaines et puits sont bonnes si elles proviennent de couches de sable et de gravier, mauvaises si elles sortent des marais et y séjournent. *(De fontaines et de puits.)*

Dans tous les cas, ces eaux ont l'inconvénient d'être peu aérées, très-froides en été, et d'occasionner par là des coliques, des esquinancies, des fluxions de poitrine, etc. On remédie à cet inconvénient en plaçant auprès des fontaines et des puits, des réservoirs ou auges qu'on remplit d'eau plusieurs heures avant d'y abreuver les bestiaux, afin qu'elle s'aére et s'équilibre avec la température de l'air.

Il suit de tout ce que nous venons de dire, qu'il faut, autant que possible, mettre les bestiaux à la portée des bonnes eaux, et que les propriétaires qui ont leurs domaines près des rivières, sources ou ruisseaux, doivent s'en féliciter, parce que les bonnes eaux sont une des premières conditions de la santé des animaux comme des hommes, car on ne les y abreuve pas seulement, on les y lave, les y baigne.

Malheureusement, il ne peut en être toujours ainsi, et il faut bien, de force ou de gré, se contenter de viviers, mares et citernes quand on ne peut faire autrement. Mais, dans ce cas, il est indispensable de mettre le plus grand soin à la construction et à l'entretien de ces réservoirs, de les tenir nettoyés, propres; d'empêcher les eaux des fumiers et des égouts d'y arriver. Dans ce but, on se trouve bien d'y mettre du poisson, parce que ces animaux purifient l'eau, en détruisent les vers, les insectes, les œufs de grenouille. Il faut encore que ces réservoirs soient, autant que faire se peut, à la portée des bestiaux.

Enfin, lorsque malgré tous les soins, toutes les précautions, les eaux sont mauvaises, sales, corrompues, chargées de matières étrangères, on peut les purifier aisément au moyen du procédé suivant indiqué par Bosc :

On place auprès de la mare, citerne ou autre réservoir insalubre, un tonneau défoncé d'un bout et percillé à l'autre de petits trous que l'on recouvre d'une couche de charbon de bois grossièrement pulvérisé, en ayant le soin de placer sur les trous le charbon le plus grossier. On verse dans ce tonneau, ainsi disposé, l'eau insalubre qui se filtre en traversant le charbon et tombe purifiée par les petits trous du tonneau. Cinquante kilogrammes de charbon suffisent pour purifier *cent mille* litres d'eau. On fait un filtre plus économique avec le sable et le gravier, mais ils ne valent pas le charbon ; aussi préfère-t-on stratifier ces substances en mettant une couche de charbon et une de gravier et sable.

Purification des eaux.

On peut, enfin, corriger les mauvais effets des eaux lourdes et crues, en les acidulant avec un peu de vinaigre, de sel, d'acide sulfurique.

Le besoin d'eau, la soif, est plus impérieuse que la faim. On y résiste moins, et elle entraîne des effets plus soudains et plus prompts ; on ne saurait donc y remédier assez tôt.

Distribution des boissons.

Tous les animaux ne résistent pas également à la soif, ni ne consomment pas proportionnellement, une égale quantité d'eau. Cela dépend de l'espèce, de la nourriture, du climat, de la saison, du travail et du tempérament des individus. Il suit de là, que la quantité d'eau à donner à chaque animal est très-variable, et qu'on ne saurait la préciser que d'une manière très-arbitraire ; néanmoins nous croyons devoir faire connaître la quantité la plus généralement adoptée par les auteurs.

Elle est pour le cheval de *vingt litres* par vingt-quatre heures, et pour le bœuf de trente litres.

Cette eau est habituellement prise librement par les animaux qui n'en boivent jamais trop, à moins de circonstances exceptionnelles ; plus sensés en cela comme en beaucoup d'autres choses, que l'homme, leur dominateur et maître, ils ne vont pas au-delà de leurs besoins.

Lorsque par exception, on a un animal trop buveur, on doit peu à peu le restreindre à la quantité sus-indiquée, afin d'éviter les indigestions, les diarrhées qui nuisent tant à la force, à la vigueur, au travail et à la santé.

Enfin on doit se garder de donner de l'eau froide aux animaux suant, échauffés par le travail ou l'ardeur du climat, comme aussi de les faire galopper lorsqu'ils viennent de boire, quelques hippiatres et notamment Huzard père, disent avoir vu, par ce fait, des chevaux périr subitement.

On voit quelquefois des animaux et surtout des bœufs, boire avec avidité et même rechercher les eaux bourbeuses et verdâtres des mares. Cela tient à la sapidité de ces eaux, à la débilité des organes de l'animal, et souvent, le plus souvent, à l'habitude. Il faut donc se garder de conclure de ce fait, ou plutôt de cette anomalie, que les eaux saumâtres des mares sont les meilleures.

Nous terminerons ce chapitre par la reproduction de
deux tableaux empruntés, l'un à M. Mathieu de
Dombasle ; l'autre à M. Moll, professeur au Conser-
vatoire des arts et métiers. Le premier de ces tableaux
a rapport à la détermination du poids des bœufs gras
par le mesurage ; le second aux substances alimentaires les plus propres à l'engraissement.

On a longtemps cherché, dans l'intérêt des propriétaires et de la loyauté du commerce, le moyen de
déterminer avec assez de justesse le poids en viande
nette d'un animal gras.

Certains bouchers, guidés par une longue expérience, ont acquis la faculté d'apprécier assez exactement ce poids par le maniement, c'est-à-dire le
toucher de certaines parties du corps des bœufs,
telles que le dessus des côtes, en arrière des épaules,
les côtés latéraux de la queue, entre les cuisses et la
peau qui réunit les cuisses au ventre. L'état de souplesse de la peau et d'engraissement de ces parties
donne assez exactement celui de l'animal, mais
jamais d'une manière aussi certaine que le pesage. Le
pont à bascule est préférable à tous les maniements ;
mais, quelque utile qu'il soit pour une ferme bien
tenue, tous les propriétaires sont loin d'en avoir ;
il n'y en a même point sur la plupart des marchés. Il a donc bien fallu chercher à lui substituer un
autre moyen, de tous ceux imaginés. Celui de M. de
Dombasle est le meilleur. Il consiste à placer les
bœufs gras sur un terrain horizontal, la tête, les

jambes et le corps dans leur attitude naturelle ; puis, à leur passer un ruban divisé en mètres et centimètres, comme celui des tailleurs ou des géomètres, entre les jambes, sous la poitrine, pour en ramener les deux extrémités sur le garrot, en passant l'une sur le devant et l'autre par derrière les épaules du côté opposé ; de telle sorte qu'en pratiquant ce mesurage sur les deux côtés, ainsi que l'exige M. de Dombasle, ces rubans se croisent sur le garrot et sous la poitrine. Si les deux mesures ne sont pas égales, on prend la moyenne des deux et l'on a les résultats indiqués au tableau suivant.

TABLEAU

DU MESURAGE DES BOEUFS.

MESURE.	POIDS NET.	MESURE.	POIDS NET.	MESURE.	POIDS NET.
Mètr. Cent.	Kilogr.	Mètr. Cent.	Kilogr.	Mètr. Cent.	Kilogr.
1 81	175	2 12	279	2 43	425
1 82	178	2 13	283	2 44	430
1 83	181	2 14	287	2 45	435
1 84	184	2 15	291	2 46	440
1 85	187	2 16	295	2 47	445
1 86	190	2 17	300	2 48	450
1 87	193	2 18	304	2 49	455
1 88	196	2 19	308	2 50	460
1 89	200	2 20	312	2 51	465
1 90	203	2 21	316	2 52	470
1 91	206	2 22	320	2 53	475
1 92	209	2 23	325	2 54	481
1 93	212	2 24	330	2 55	487
1 94	215	2 25	335	2 56	493
1 95	218	2 26	340	2 57	500
1 96	221	2 27	345	2 58	506
1 97	225	2 28	350	2 59	512
1 98	228	2 29	355	2 60	518
1 99	232	2 30	360	2 61	525
2 00	235	2 31	365	2 62	531
2 01	239	2 32	370	2 63	537
2 02	242	2 33	375	2 64	543
2 03	246	2 34	380	2 65	550
2 04	250	2 35	385	2 66	556
2 05	253	2 36	390	2 67	562
2 06	257	2 37	395	2 68	568
2 07	260	2 38	400	2 69	575
2 08	264	2 39	405	2 70	581
2 09	267	2 40	410	2 71	587
2 10	271	2 41	415	2 72	593
2 11	275	2 42	420	2 73	600

TABLEAU,

Par ordre décroissant, des substances alimentaires qui contiennent le plus de matière grasse analogue à la graisse, et déterminent, par conséquent, le plus prompt et le meilleur engraissement de tous nos animaux domestiques.

———

Sur cent parties, soit cent kilogrammes de l'une de ces substances,

Les tourteaux de graines contiennent.	9 , 0
Le maïs.	8 , 8
L'avoine.	5 , 5
La farine de seigle.	5 , 5
Le gros son.	5 , 2
La paille d'avoine.	5 , 1
Le petit son.	4 , 8
Le trèfle sec.	4 , 0
Le foin de prairie naturelle.	3 , 8
La luzerne.	3 , 5
La paille de blé d'Afrique.	3 , 2
Les haricots.	3 , 0

———

CHAPITRE II.

SOINS EXTÉRIEURS.

La propreté, en général, et celle du corps en particulier, étant l'une des conditions de la santé, il ne suffit pas de bien loger, de bien nourrir les bestiaux, il faut encore les tenir propres.

Le pansage est le meilleur moyen d'obtenir ce résultat. Il consiste dans l'action d'étriller, brosser, bouchonner le corps des animaux, pour débarrasser leur peau des poussières, sables et autres saletés que les vents y déposent ou que les sueurs y déterminent.

Les instruments les plus usuellement employés sont : *l'étrille, la brosse, l'époussette, le bouchon de paille, le peigne, l'éponge, les ciseaux et le couteau de chaleur.*

Tout le monde connaît l'étrille et la brosse. Dans quelques contrées de la France, on substitue la *carde* à l'étrille pour le bœuf.

L'époussette consiste en un ou plusieurs lambeaux d'étoffe, ou mieux encore, en une queue de cheval fixée à l'extrémité d'un manche, et dont on se sert pour faire tomber la crasse, la poussière et les autres saletés détachées de la peau par l'étrille.

Le bouchon est une espèce de cylindre de paille tressée ou tortillée, de la longueur et de la grosseur d'une bouteille d'un litre, que l'on mouille et dont on se sert le plus souvent pour frotter les jambes des animaux.

Le peigne, en fer, en corne ou en bois, sert à démêler la crinière et les crins de la queue des animaux.

On appelle couteau de chaleur, une lame en métal, flexible et non tranchante, celle d'un vieux sabre par exemple, que l'on emmanche des deux bouts, et dont on fait usage pour râcler la peau lorsque les animaux sont en sueur.

Les ciseaux servent à faire les crins, à couper ceux de la queue ou de la crinière. Il est d'un bon usage de faire les crins, c'est-à-dire et couper souvent et tenir très-ras, ceux qui poussent au bas des jambes des chevaux de trait ou de race commune. Il n'en est pas ainsi de l'habitude de tondre le dedans des oreilles, parce que les poils de cette partie, sont destinés à préserver l'ouïe des pailles, graviers, sable, gouttes de pluie que les vents pourraient y introduire et qui déterminent des accidents graves.

Le pansage doit se faire au moins deux fois par jour, autant que possible hors l'étable, après le repas et avant de faire boire les animaux. Il se pratique de la manière et dans l'ordre suivant :

On commence à passer vivement sur tout le corps, à poil et contrepoil, l'étrille que l'on presse afin de détacher de la peau toutes les saletés qui y sont fixées.

On fait ensuite tournoyer l'époussette au bout de son manche, et on en touche légèrement le poil afin de lui enlever la poussière que l'étrille a détachée. Puis on fait agir la brosse sur tout le corps de l'animal, d'abord à contre poil et ensuite dans le sens du poil. Il est essentiel de passer à chaque coup, la brosse sur les dents de l'étrille, que l'on tient d'une main, afin de la débarrasser de la crasse qu'elle peut prendre ; lorsque l'étrille est chargée de poussière, on l'en débarrasse en frappant l'un de ses angles contre un corps dur quelconque.

Mode
de pansage.

Le brossage étant terminé, on prend le bouchon de paille, que l'on mouille, et dont on frotte vivement le fond des jambes et toutes les parties sèches et osseuses où ne peut agir l'étrille, afin de les nettoyer des boues, fumiers et autres saletés.

Enfin, on plonge l'éponge dans de l'eau propre et fraîche, et on lave les yeux, les naseaux, la bouche, l'anus, la vulve, le fourreau, les jambes, la crinière et la queue, que l'on démêle avec le peigne et que l'on oint d'huile d'olive, si les crins sont ébouriffés ou feutrés.

Tel est le pansage usité le plus souvent à l'égard des chevaux et des mulets, les ânes n'étant presque jamais pansés, quoique à tort.

Celui du bœuf se borne généralement à l'étrille ou carde et à la brosse. Nous ne voyons pas pourquoi on ne le completterait pas comme celui du cheval. Il leur serait très-salutaire; car il faut bien se persuader que le bœuf a la peau tout aussi délicate et tout aussi sensible que le cheval, sinon plus. Nous affirmons par expérience qu'un très-grand nombre de maladies du bœuf proviennent de l'altération des fonctions de la peau.

Effets. Le pansage a pour premier effet de nettoyer la peau, de la débarrasser des poussières, vermine, fumiers et autres matières étrangères, qui l'irritent, gênent la transpiration et déterminent des démangeaisons, des maladies de la peau ou des maladies internes graves.

En outre de cela, le pansage entretient dans la peau une excitation salutaire. La circulation du sang y est active, la transpiration libre, et tout le corps se ressent de ces heureuses dispositions. Aussi, les animaux soumis à un pansage fréquent, régulier, sont-ils gais, vifs et dispos. Ils ont le poil brillant, uni, tandis que, dans le cas contraire, il est terne, hérissé, et les animaux sont tristes et comme *honteux de leur état*, dit Grognier.

On s'assure de l'état de propreté de la peau d'un animal en la labourant à contre poil avec l'extrémité des doigts. Si le pansage se fait souvent et bien, on n'aperçoit aucune poussière; dans le cas contraire, on en a les doigts pleins.

Bains. Une bonne pratique, qui n'est pas assez répandue et que nous recommandons, est celle de faire prendre des bains de rivière aux animaux pendant la

..aude saison. Ces bains sont très-salutaires. Ils exci-
.nt, fortifient la peau, la nettoient mieux que le
.eilleur pansage, et en outre délassent les animaux.
.n les leur fait prendre en les faisant nager dans un
.ndroit profond. L'exercice de la natation en com-
.ète l'efficacité. Mais il ne faut pas que les animaux
.oient chauds, encore moins en sueur, ni à jeun, ni
.rop pleins. La soirée est le moment le plus conve-
.able, entre les deux repas, de quatre à cinq heures.

Les bains peuvent être quotidiens pour le porc et
.e chien; ils pourraient l'être aussi pour le cheval
.t le bœuf; mais il convient mieux, à cause de leur
.ravail, de ne les y soumettre qu'une ou deux fois
.ar semaine, les jours de fête ou de repos. Après le
.bain, que l'on doit, autant que possible, faire pren-
.lre dans l'eau courante, il est nécessaire d'exercer
.un moment les animaux à une allure rapide, et au
.soleil autant que faire se peut, afin d'éviter un re-
.froidissement.

Les moutons ne doivent pas être soumis aux bains.
Malgré que cela se pratique dans quelques contrées
de l'Allemagne, nous pensons que cette mesure leur
est plutôt nuisible que salutaire.

On fait souvent prendre aux animaux des bains
partiels, surtout des pieds et des jambes. C'est ce
que l'on appelle pédiluves. Comme ces bains sont le
plus souvent ordonnés à titre de remède, nous ne
croyons pas devoir nous en occuper.

Les onctions comme les pédiluves sont le plus souvent ordonnées à titre de remède. Cependant, il en est une, celle des pieds des chevaux et même des bœufs, que l'on peut considérer comme hygiénique.

Ces onctions des pieds se font avec des corps gras, suif, graisse, combinés, que l'on fait fondre, et dont on frotte la corne lorsqu'elle est sèche, cassante ou mauvaise. On doit les répéter plus ou moins souvent, selon l'état et la nature de cette corne, mais les jours de repos surtout.

La pratique de tondre les chevaux est aujourd'hui très-répandue. Bornée d'abord aux chevaux de gros trait, elle s'est étendue à ceux de luxe, voire même à ceux de selle. Approuvé par les uns, combattu par les autres, le tondage a, comme toutes choses ici-bas, des avantages et des inconvénients.

Ces avantages sont de tenir la peau plus propre, de rendre le pansage plus aisé, les sueurs moins faciles et moins abondantes. Il peut convenir aux animaux de fatigue, gros, lourds, à poil long et abondant.

Les inconvénients sont de déterminer des éruptions à la peau, de l'exposer plus directement à l'action de l'air, du froid, des intempéries, qui peuvent occasionner des maladies plus ou moins graves.

Pour concilier autant que possible les avantages et les inconvénients du tondage, il faut le faire pratiquer, dans nos climats, durant le mois d'octobre, afin que le poil ait acquis une certaine longueur lors des froids de l'hiver. On doit soustraire, autant que faire se peut, les chevaux nouvellement tondus à

’action de la pluie ou des vents froids en les tenant bien couverts, ou mieux encore en ne les faisant tondre qu’à mi-poil, au lieu de les faire, pour ainsi dire, raser.

Dans aucun cas, nous ne saurions approuver le tondage de la moitié du corps des chevaux, comme on le pratique ordinairement pour ceux de trait. Un cheval doit être tondu de partout ou de nulle part.

Les chevaux de luxe, à peau et à poils fins, qui travaillent peu et ne sortent que par le beau temps, ne devraient jamais être tondus.

Nous avons déjà dit qu’il était dangereux de tondre le dedans des oreilles.

Le harnachement est l’ensemble de toutes les pièces fixées sur le corps des animaux et destinées à les gouverner, les faire travailler, les défendre des insectes, des intempéries ou leur donner plus d’élégance.

§ II.

Harnachement.

Ces diverses pièces ont reçu le nom de harnais. Ceux destinés à gouverner le cheval, le mulet et l’âne sont le licol ou le collier, la bride, le bridon et le caveçon.

Le licou est un harnais en cuir ou en corde dont on coiffe les chevaux, ânes et mulets pour les attacher. Il comprend : 1° le montant, composé de la têtière et des joues ; 2° la muserolle ; 3° la longe ; 4° le frontal ; 5° la sous-gorge.

Licou et collier.

Le collier consiste tout simplement en une courroie de cuir, forte et large, pourvue à l’une de ses extrémités d'une boucle, et dans son milieu d'un anneau, où l'on fixe la longe.

Le collier attachant les animaux par le cou, leur laisse la tête libre, et ne convient par conséquent que pour ceux qui sont dociles.

Bride. La bride est le harnais par excellence, celui qui contient et dirige le mieux les animaux. Elle se compose, comme le licou : 1º d'un montant, comprenant les joues et la têtière ; 2º d'un frontal ; 3º d'une muserolle ; 4º d'une sous-gorge ; 5º de rênes ; 6º d'un mors, qui en est la partie capitale.

C'est, en effet, par l'action du mors sur les barres que le cavalier ou conducteur dirige, gouverne et maîtrise le cheval. On ne saurait donc apporter trop d'attention au choix du mors, parce qu'il suffit d'un mauvais mors pour abîmer en peu de temps la bouche d'un cheval, le rendre indocile, dangereux, et lui faire perdre toute sa valeur.

Le mors comprend trois parties principales : 1º le canon ; 2º les branches ; 3º la gourmette.

On appelle canon, la traverse en fer, tantôt droite, tantôt pourvue d'un arc dans son milieu, qui entre dans la bouche de l'animal, appuie sur la langue et presse les barres.

Les branches affectent plusieurs formes. Elles sont tantôt droites, tantôt en S, tantôt en gigot, mais toujours divisées en deux parties : la supérieure, où s'attachent les montants de la bride, s'appelle *banquet.* L'inférieure, pourvue à son extrémité libre d'un anneau mobile qui reçoit la rêne, s'appelle *porte-rêne*.

Le point de jonction des porte-rênes et des banquets à chacune des extrémités du canon, porte le nom de *fonceaux*. Dans les équipages de luxe, les fonceaux sont ordinairement décorés de plaques de cuivre ou d'argent, portant des armoiries ou des chiffres.

Enfin, la gourmette est une petite chaîne en métal, attachée à l'un des banquets et se fixant à l'autre au moyen d'un crochet. La gourmette appuie sur la barbe du cheval et concourt, avec le canon, à le maîtriser et le conduire.

Les brides d'attelage de luxe et celles d'animaux de gros trait, sont pourvues, de chaque côté des yeux, d'une plaque de cuir, de forme et de dimension différente, et destinée à protéger ces organes contre l'action des corps étrangers. Ces plaques, appelées *œillères*, ne doivent jamais appuyer contre les yeux, pour ne point les échauffer ni les blesser, ainsi que nous l'avons vu souvent.

Il y a plusieurs sortes de brides.

On appelle *filet* une bride ordinaire, mais plus petite, plus mince, plus légère, et dont le mors consiste en un simple canon, brisé dans son milieu, sans branches et sans gourmette.

Le filet est le plus souvent uni à la bride, proprement dite. Il fatigue moins la bouche de l'animal, et l'on s'en sert de préférence, à moins qu'il ne soit indocile ou n'ait la bouche dure.

Bridon.

Le bridon est un filet un peu fort, que l'on met seul aux chevaux pour les conduire à l'abreuvoir ou à la promenade.

Caveçon.

Enfin, le caveçon est une bride qui, au lieu de mors, porte, à la place de la muserolle sur le nez, une plaque de fer, ployée en demi-tube et dentée en scie sur ses bords.

Cette plaque de fer est pourvue de trois anneaux, un à chaque extrémité, le troisième au milieu. Ce dernier reçoit une corde, que tient le conducteur, et dont l'action fait pénétrer les dents de la plaque de fer dans la peau du nez de l'animal, qui, y étant très-sensible, se laisse aisément gouverner. Le caveçon est presque exclusivement employé pour contenir le mulet et l'âne. On s'en sert également pour les poulains fougueux.

Il faut, règle générale, que le mors des brides de toute sorte soit proportionné à la bouche de l'animal, qu'il ne soit ni trop lourd, ni trop léger, ni trop gros. ni trop petit, toute disproportion pouvant avoir des inconvénients graves.

Il faut encore que ce mors soit bien placé dans la bouche; qu'il appuie sur les barres; qu'il ne monte pas trop haut contre les grosses dents, en tiraillant la commissure des lèvres, ni qu'il descende trop bas contre les dents de devant.

Le caveçon doit également être proportionné à la tête : trop lourd, il abîme la peau du nez, et quelquefois déprime, enfonce les os; trop léger, son

ction est insuffisante, et l'on contient difficilement
l'animal.

Pour mieux maîtriser les chevaux indociles, ceux surtout qui se cabrent, on adapte aux brides une courroie de cuir, tantôt simple, tantôt bifurquée, qui, partant de la muserolle près la gourmette, va s'attacher avec des boucles aux sangles de la selle ou de la couverture. Cette courroie a reçu le nom de martingale.

Le bœuf n'a ni bride, ni licou. On l'attache par les cornes, ou mieux encore par le cou, avec une espèce de collier en bois flexible, ou une chaîne en fer. On le guide, le dresse, au moyen d'une corde fixée à une oreille par un nœud coulant. La docilité naturelle de cet animal le rend très-facile à conduire.

Il y a plusieurs harnais de travail ; ce sont *la selle, la sellette, le mantelet, l'avaloire, le collier, les traits, le bat et le joug.*

La selle est une espèce de siège que l'on fixe sur le dos du cheval, au moyen de sangles, et sur laquelle se pose le cavalier.

Elle se compose *des arçons, des panneaux, des banquettes, du siège, des battes, des troussequins, des quartiers, des sangles, des contre-sangles, de la croupière et des étriers.* On y ajoute pour les longs voyages, *le poitrail, le reculement et le porte-manteau.*

La selle n'était pas connue des anciens qui montaient les chevaux à poil ou sur de simples peaux d'animaux. Depuis son invention, la selle a subi diverses modifications. Celle qui comporte toutes les parties que

nous avons énumérées, s'appelle selle *à la Royale*
Celle beaucoup plus simple, dite à l'Anglaise, qui e
en vogue aujourd'hui, n'a ni battes, ni troussequin
ni porte-manteau, ni poitrail, ni reculement.

La selle à la hussarde n'a point de panneaux ; le
arçons reposent sur une couverture bien pliée, et l
siège est recouvert d'une peau appelée *schabraque*.

Sellette
et mantelet.

La sellette et le mantelet ne diffèrent guère de l
selle que par les dimensions. Mais, au lieu de cavaliér
ils portent une bande de cuir destinée à supporte
les brancards de la charrette ou de la voiture. Le
mantelets sont les sellettes des chevaux d'équipage.

L'essentiel pour les selles, sellettes et mantelets,
c'est que les arçons soient assez arqués pour éviter les
blessures si dangereuses du garrot et du dos. Au reste,
une selle ou sellette bien confectionnée, doit porter
uniformément sur toutes les parties où elle repose, à
l'exception, nous l'avons dit, du sommet du garrot
et du dos.

Pour obtenir ce résultat et éviter tout accident, il
n'y a qu'à soigner les panneaux des selles et veiller
à ce qu'ils soient toujours bien rembourrés.

Bât.

Nous en dirons autant du bât, qui est une espèce
de selle servant aux bêtes de somme, ânes et mulets,
et sur lequel on place toute sorte de charges.

Les ânes et les mulets n'ayant pas, ou presque pas
de garrot, le bât n'offre point en dessous cette exca-
vation, cette ligne profonde que présentent les selles.
Il est presque plat en dessous comme en dessus. Ces

panneaux sont très-épais, et il est essentiel de les tenir fortement rembourrés.

Les sellettes, selles et bats sont fixés sur le dos des animaux au moyen de sangles que l'on appelle sous-ventrières. Ils portent, en outre, une croupière destinée à s'opposer à ce que la selle ou bat descende trop sur le garrot ou les épaules. La partie essentielle de la croupière est celle qui passe sous la queue de l'animal et que l'on appelle *culeron*. Le culeron doit être moëlleux, bien rembourré, afin qu'il ne blesse point la partie sur laquelle il repose.

On fixe à la sellette des chevaux de trait, au moyen de courroies de cuir appelées *bras de dessus*, une large et forte bande également de cuir, qui porte à chaque extrémité un grand anneau en fer, auquel est fixée une chaîne appelée *reculoir*. Cette bande de cuir, qui appuie contre les fesses où elle est maintenue au moyen de courroies qu'on appelle *bras de dessous*, porte le nom de *fessière ou reculement*. L'ensemble de ce harnais forme l'*avaloire*. Il sert à faire reculer les voitures et charrettes, et à les retenir dans les descentes.

Les chevaux de voiture ont également des avaloires, mais elles sont plus légères, plus élégantes.

Le collier est la pièce capitale du harnachement d'un cheval de trait.

Il se compose d'une espèce de bourrelet ovale, bien garni de crins, laine, bourre, etc., et de deux pièces de bois ou de fer, de formes et de dimensions variables, qu'on appelle attelles.

13

Les attelles portent, vers le milieu de leur longueur, une ouverture ou un anneau dans lesquels passent des anses de cuir appelées *bracelets*, et où viennent s'adapter ces traits. Leur extrémité supérieure, nommée *oreille*, porte les anneaux où passent les *guides*. Elle est dans certaines contrées, contournée diversement, et de dimensions extravagantes. Toutes ces singularités, ces bizarreries, surchargent inutilement les animaux.

Comme tous les autres harnais, le collier doit être aussi simple, aussi solide, aussi léger que possible, et nous en avons vu qu'un homme avait de la peine à placer sur l'encolure d'un cheval.

Les colliers se terminent supérieurement par une pointe plus ou moins proéminente qu'on appelle la tête. Ceux de charrettes et de labour sont ordinairement ouverts à la partie inférieure, tandis que ceux de voiture étant tout d'une pièce, on est obligé de les faire entrer par la tête de l'animal, ce qui nous paraît assez incommode. Au reste, quelque forme que l'on adopte pour le collier, l'essentiel est qu'il emboite bien l'encolure et les épaules ; surtout qu'il ne porte point à sa partie supérieure sur le garrot, ni à l'inférieure sur la pointe des épaules. Un collier bien confectionné ne porte que sur les côtés latéraux de ces mêmes épaules.

Il est essentiel de soigner les colliers, de les faire rembourrer souvent afin qu'ils ne blessent point les animaux.

Dans quelques circonstances et dans certains pays, on substitue au collier une large et forte bande de cuir rembourré qui porte sur le bas des épaules et que l'on fixe à la sellette ou au mantelet ; cette bande de cuir est appelée *bricole*.

Bricole.

La bricole remplace très imparfaitement le collier. Elle ne peut servir que pour un petit tirage et a l'inconvénient grave de blesser facilement la pointe des épaules.

Les traits consistent en des courroies de cuir, des cordes ou des chaînes qui, du collier où elles sont fixées, s'adaptent à la charrette ou à la voiture.

En général, les harnais doivent être solides, mais légers et tenus dans un état de souplesse et de propreté parfait. Il faut, dans ce but, les nettoyer, les graisser souvent et les faire réparer et rembourrer à la plus légère apparence de gêne ou de blessure.

Des harnais en général.

Un harnais doit aller à un cheval, dit Grognier, comme un habit à un homme, et l'on en voit souvent frémir et se révolter à son aspect, que l'on croit mus par la haine du travail et qui ne le sont que par le souvenir de la douleur que ce harnais leur a fait éprouver. Il est donc essentiel de veiller à ce que les harnais aillent bien aux animaux.

Le joug est le harnais le plus généralement adopté pour le bœuf de travail. Il consiste en une pièce de bois aux extrémités de laquelle sont pratiquées deux entailles destinées à recevoir la partie supérieure de la tête de cet animal.

Harnais du bœuf.

Joug.

Les formes et dimensions du joug varient considérablement en France ; chaque contrée a les siennes.

Collier.

On reproche au joug plusieurs inconvénients qui ont fait agiter la question de savoir si le collier ne lui serait pas préférable.

Dans tous les temps, des hommes expérimentés et capables ont soutenu cette idée de substituer le collier au joug. De ce nombre sont : le romain *Columelle*, l'anglais *Young*, le français *de Dombasle*. Il est même des pays, le Piémont, l'Italie, quelques contrées du nord de la France, qui l'ont adopté et qui s'en trouvent bien.

Avantages
du collier.

Nous croyons, en effet, que le collier doit donner plus de force au bœuf agissant par la masse du corps, que par la tête ; l'animal est d'abord plus libre de cette partie et ne doit pas ressentir dans le cerveau les secousses que l'ébranlement du timon y imprime avec le joug. Il tire, d'un autre côté, directement devant lui, au lieu de traîner obliquement, comme lorsqu'il est accouplé à un camarade antipathique ou d'une force différente. Cette antipathie et cette inégalité de forces ou de vouloir, dans des animaux appareillés, amènent toujours de fâcheux résultats, et ne sont pas un des moindres motifs à faire valoir contre ce mode d'attelage.

Donc, nous recommandons le collier qui donne au bœuf plus de force, plus de liberté, plus de vitesse et n'a pas, en outre, les inconvénients du joug.

Le professeur Magne rapporte avoir vu, dans les

ues de Nantua, un beau taureau harnaché comme un
cheval limonier, attelé seul à une charrette et faire
admirablement le service très pénible d'un meunier.

Il était très docile, très obéissant et suivait tous les
contours des rues les plus tortueuses sans être dérangé
par rien. Plusieurs agriculteurs ont, en outre, constaté que trois bœufs tirant au collier étaient plus forts
que quatre tirant au joug.

Pour défendre les animaux contre les intempéries
des saisons ou l'action des insectes ailés, on les recouvre, en totalité ou en partie, de couvertures, émouchoirs et autres harnais de ce genre.

Les couvertures des animaux sont généralement de
laine l'hiver, et de toile l'été. On recouvre, quelquefois, celles de ceux qui voyagent de toile cirée ou de
cuir; d'autrefois, on adapte au collier, à la sellette,
des peaux de chèvre, d'ours ou d'autres animaux.
Durant le beau temps, on roule ces peaux en porte-
manteau et on les étend pendant le mauvais.

Les couvertures, en général, produisent sur les
animaux les meilleurs effets. Elles les défendent contre le froid l'hiver, contre les mouches et autres insectes l'été, et en tout temps, contre la pluie et l'action de l'air lorsqu'ils sont échauffés ou suants après
le travail. Elles absorbent, en outre, la transpiration;
préservent la peau de toute influence extérieure et
concourent puissamment au maintien de la santé.
Nous avons souvent guéri des bœufs malades par la
simple action des couvertures de laine, que nous re-

commandons vivement. Une exploitation rurale bien
montée doit en avoir une pour chaque animal.

Caparaçons.
Les couvertures ne recouvrent ordinairement que
le corps des animaux, auquel elles sont fixées par une
sangle ou *surfaix* que l'on passe sur le dos derrière le
garrot ; mais pour les chevaux de luxe, surtout ceux
de course, on y ajoute un capuchon qui enveloppe la
tête et l'encolure, de telle sorte que l'animal est,
comme on dit, recouvert de *pied en cap*, ce qui a
peut-être fait donner à ces couvertures le nom de caparaçons. Ces caparaçons sont quelquefois formés
d'une espèce de treillis de ficelles dont les bouts flot-
tent au vent et garantissent les chevaux de l'action
des insectes ailés. On en place également sur le devant de la tête des bœufs pour leur garantir les yeux
et les nazeaux ; on les appelle alors émouchoirs, nom
qui nous parait être préférable à l'autre.

CHAPITRE IV.

DU TRAVAIL ET DE L'EXERCICE.

L'exercice et le travail, qui n'est qu'un exercice ayant un but déterminé, sont nécessaires, indispensables à la conservation de la santé. Ils exercent sur tout le corps une action des plus salutaires, en activant les fonctions, vivifiant les organes, et rendant les animaux forts, robustes, et capables de résister aux intempéries comme aux plus grands efforts. Au lieu donc d'affaiblir, comme on le croit assez généralement, le travail affermit les os et les chairs, et double, triple les forces. Il est inouï de voir jusqu'à quel point l'exercice et l'habitude ont porté celles de certains hommes. Mais il faut, pour cela, que le travail et l'exercice soient intelligemment distribués; qu'ils ne dépassent pas les forces de l'individu, ni les limites du possible, du raisonnable. Sans cela, ils produisent un effet opposé et amènent rapidement la ruine des animaux.

Il serait difficile de régler d'une manière rigoureuse la quantité de travail que peut donner par jour chaque animal, ou seulement chaque espèce. Cela dépend de l'état des individus, de leur taille, de leur volonté, de leur nourriture, de la nature du sol, du climat, etc.

Durée.

En général, le travail doit être régulier, modéré, quotidien, et proportionné à la force des individus. Le passage d'un long repos à un grand travail, ou d'un grand travail à un long repos, est également nuisible. Sa durée varie selon les climats et les saisons.

En France, et durant l'hiver, les animaux peuvent, sans inconvénient, fournir leur travail d'un seul trait. Mais il est essentiel, indispensable, en été, de les rentrer pendant les fortes chaleurs, afin de les soustraire à l'action trop vive du soleil, de la poussière et des mouches qui les tourmentent.

Une pratique éminemment sage, prudente, hygiénique, que nous recommandons, c'est de faire travailler les animaux de labour, deux fois durant les longs jours, le matin et le soir, plutôt que de les laisser dans les champs jusqu'à onze heures ou midi.

Soins pendant le travail.

Il est nécessaire, pendant le travail, surtout s'il est pénible, d'arrêter de temps en temps les animaux, pour les laisser reposer, uriner ou prendre haleine. C'est une bonne pratique ; seulement, le temps de repos doit être court, si les animaux sont chauds ou suans.

On ne doit jamais maltraiter les animaux, ni trop les presser pendant le travail, à moins de circonstances exceptionnelles. Il doit être commencé et fini lentement, afin de ne pas les surprendre d'abord, et de les laisser progressivement refroidir avant de les rentrer.

Arrivés à l'étable, on doit placer les animaux à l'abri de tout courant d'air, les débarrasser de leurs harnais, les bouchonner, les râcler avec le couteau de chaleur s'ils ont sué beaucoup, et les couvrir de leur couverture. Puis on leur fait une bonne litière, on ferme les croisées de manière à les plonger dans une demi-obscurité, et à les préserver des mouches, et l'on se retire.

Les animaux ayant reposé ainsi une heure environ, on leur donne leur repas en commençant par des racines ou du son légèrement mouillé, s'ils ont eu bien chaud. Jamais, et dans aucune circonstance, on ne doit lâcher les animaux dans les pâturages en rentrant du travail, ni sans leur avoir donné préalablement une légère ration de fourrages secs, parce que l'air ou l'herbe fraîche pourraient les surprendre et occasionner des maladies.

Après le travail, le repos est nécessaire aux animaux ; mais il ne faut point qu'il soit trop prolongé, encore moins absolu. Rien n'affaiblit, ne détériore comme le repos, ou plutôt l'inaction absolue. Sous son influence, l'appétit diminue, la digestion se fait mal, toutes les fonctions se ralentissent, les jambes s'enflent, et les animaux dépérissent et meurent. L'inaction prolongée est, surtout, pernicieuse aux jeunes animaux, qui, ne sachant que faire, contractent dans les étables toutes sortes de tics, d'habitudes vicieuses.

Malheureusement, au lieu d'élever, nourrir et conduire les animaux comme nous l'avons exposé dans le cours de cet écrit, les hommes les traitent avec une injustice, une brutalité révoltantes. Nourris et vêtus par eux, ils ne leur donnent, le plus souvent, en retour, que des alimens insuffisants ou insalubres, et semblent, en outre, s'ingénier à trouver des moyens toujours plus puissants et plus nouveaux pour les torturer à loisir ! Ingrats et cruels, ils oublient en un instant les services rendus ; et, pour une faute souvent involontaire, ou même une impossibilité, ils les frappent avec une férocité inouïe !

Nous ne retracerons aucune de ces scènes affligeantes où, sous le prétexte de sa supériorité intellectuelle et morale, l'homme montre, avec la cruauté du tigre, la stupidité de l'oie. Elles sont si communes, que chacun peut et doit en avoir vu autant que nous.

Ces scènes sont d'autant plus déplorables, que l'homme a tous les torts ; car l'animal n'est, le plus souvent, que ce qu'il l'a fait. Les animaux ne sont pas aussi brutes, aussi dépourvus d'intelligence, comme on le pense généralement. Ils conservent, plus qu'on ne croit, le souvenir d'un mauvais traitement, d'une pénible impression, d'une injustice criante. On en a vu des exemples terribles.

Si donc, au lieu de rudoyer, de maltraiter les animaux quand on les élève, ou qu'on les dresse aux différents travaux pour lesquels ils sont propres, on les reprenait avec douceur lorsqu'ils se trompent, on

es caressait, on leur fesait comprendre ce qu'ils ont
à faire, ce que l'on exige d'eux, on ne serait pas con-
traint à sévir comme on le fait.

Il faut bien se persuader que les animaux comme
es hommes, et mieux que les hommes, car ils sont
bien moins intelligents, ont besoin d'apprendre leur
métier ; qu'il faut le leur enseigner avec douceur et
patience comme à des enfants légers et inexpérimen-
tés. Leur mémoire restreinte et bornée, étant plutôt
un fait d'habitude qu'un fait intellectuel, on ne leur
apprend rien que par la répétition longtemps conti-
nuée d'un même acte. Le secret du dressage est de
faire comprendre à l'animal ce que l'on veut de lui;
de le lui faire exécuter avec douceur et persévérance,
en un mot de se montrer raisonnable pour prouver
que l'on a raison.

Cessons donc de considérer nos animaux domestiques comme des brutes insensibles dont on ne peut
rien obtenir que par le bâton ou le fouet. C'est une
grossière, une fâcheuse erreur qui ne donne que de
funestes résultats. La patience, la douceur, les caresses, les bons soins en ont de bien meilleurs. Et
lorsque *Carter*, *Wan Amburg*, ont soumis et rendus
dociles à leur voix et à leur volonté, les tigres et les
hyènes des déserts, que ne devons-nous pas obtenir
de nos animaux domestiques, si patients, si généreux,
si dociles !...

Le cheval arabe n'est jamais maltraité. Il fait partie
de la famille. Aussi voyez l'enfant à la mamelle

jouer dans les jambes de la fière cavale qui, à la voix de son maître, s'élancera, dévorera l'espace et, sans prendre de nourriture, laissera dans un jour quarante lieues derrière elle.

On voit souvent, en Orient, disent les voyageurs, le cavalier arabe ou circassien battant en retraite, faire signe à son cheval de se coucher, de s'étendre et de faire le mort, pendant que caché derrière sa monture, il prépare son fusil, l'ajuste et fait feu en appuyant le canon de l'arme sur la tête de l'animal.

« Et c'est en France, dit un écrivain, dans ce pays
» qui se vante de sa haute civilisation que les ani-
» maux domestiques sont traités avec le plus de
» dureté.

» En considérant ce triste sujet sous un autre
» point de vue, je pourrais me demander si les traite-
» ments barbares exercés sur les animaux domes-
» tiques sont sans influence sur la morale publique.
» Ne serait-il pas temps de faire un scandale de ces
» combats d'animaux, de ces transports de piles de
» veaux, de moutons et d'agneaux à demi-morts
» sur des charettes qui roulent dans nos rues. » Et nous ajouterons de ces bouchers qui, par récréation, font dévorer par des chiens moins féroces qu'eux, les oreilles et les jarrets de ceux qu'ils conduisent. Ils rient de leurs mugissements, de leurs plaintes douloureuses. Les malheureux ! Les cruels !

En attendant que comme aux Etats-Unis, en Angleterre et dans le Wurtemberg, il soit défendu de

traiter les animaux avec brutalité, nous nous contenterons de proclamer avec Grognier, dans le sens de
notre consciencieuse publication, «que l'intérêt le
» plus puissant de l'homme est d'entretenir convena-
» blement, surtout de traiter avec douceur les êtres
» doués d'intelligence et de sensibilité qui naissent,
» vivent, travaillent et meurent pour lui!»

POLICE SANITAIRE.

DEVOIRS DES PROPRIÉTAIRES ET DES AUTORITÉS DANS LES CAS DE MALADIES CONTAGIEUSES.

Nous avons déjà parlé des maladies contagieuses au point de vue de l'hygiène; nous avons même donné un léger aperçu des pertes que ces maladies avaient fait éprouver à la France et à la Belgique seulement, dans l'espace d'un demi-siècle environ. Nous devons maintenant dire quelques mots sur les devoirs des propriétaires et des autorités lorsque les bestiaux sont malheureusement atteints de l'un de ces redoutables fléaux.

En présence des affreux désastres que ces terribles maladies ont fait subir à la France pendant les années 1713, 1714, 1745, 1746, 1774, 1775, 1776, 1795, 1796, et dont le chiffre total s'élève à près de *deux milliards*, on est en droit de s'attendre à trouver dans la législation existante des mesures précises et rigoureuses à cet égard. Eh bien! il n'en est rien, et tout est à faire ou plutôt à refaire; car, il ne manque pas d'arrêts, de lois, ordonnances et réglements; on en compte jusqu'à *vingt-quatre*, sans y comprendre les articles du code pénal. Mais cet arsenal n'a point de suite, de corrélation, d'unité. Ce sont des prescriptions, et des mesures locales, particulières, de circonstance, qui se heurtent et se contredisent; tout y est inconhérence, confusion, désordre. C'est donc encore une loi à faire, une loi utile, indispensable, que nous signalons à l'initiative du pouvoir.

Pour ne pas égarer le lecteur dans le labyrinthe de cette législation insuffisante et surannée, nous nous contenterons de rapporter textuellement les arrêts des 10 avril 1714 et 16 juillet 1784; ceux des 24 mars 1745, 19 juillet 1746, 10 octobre 1774, 30 janvier 1775, 27 messidor an V, ne s'appliquant exclusivement qu'à des maladies spéciales. Nous reproduirons ensuite les articles du décret du 6 octobre 1791 qui ont trait à cette matière, ainsi que ceux du code pénal.

CHAPITRE Ier.

LÉGISLATION.

« Le roi ayant été informé que dans les lieux du royaume où les bestiaux sont attaqués de maladies, la plupart des propriétaires abandonnent dans la campagne et sur les chemins ceux qui meurent,
» après en avoir fait arracher et enlever les peaux;
» et sa majesté, voulant prévenir le mal qui pourrait
» en arriver : ouï le rapport du sieur Desmarets,
» conseiller ordinaire au conseil royal, contrôleur-
» général des finances; *sa majesté étant en son conseil,*
» a ordonné et ordonne que tous les propriétaires de
» *bœufs, vaches, moutons, brebis et agneaux, chèvres,*
» *boucs et autres bestiaux* qui viendront à mourir,
» soit dans leur maison ou à la campagne, seront
» tenus de les faire mettre sur le champ dans la terre
» jusqu'à *trois pieds de profondeur, sans pouvoir en*
» *prendre ni enlever les peaux, sous quelque prétexte*
» *que ce soit,* le tout à peine de cent livres d'amende
» pour chaque contravention, applicable moitié au
» dénonciateur et l'autre au profit de l'hôpital le plus
» prochain; et de peine afflictive en cas de récidive,
» sans préjudice de l'amende qui sera de deux cents

Arrêt du conseil-d'état du roi 10 avril 1714.

» livres applicable comme ci-dessus : enjoint sa ma
» jesté aux Sieurs intendants et commissaires dépar
» tis dans les provinces et généralités du royaume
» et à tous officiers royaux ou autres de tenir la mair
» à l'exécution du présent arrêt.

» Fait en conseil d'état du roi, sa majesté y étant,
» tenu à Versailles, le dixième jour d'avril mil sept
» cent quatorze. »

Arrêt du conseil-d'état du roi, 16 juillet 1784.

« Le roi étant informé des ravages qu'occasion-
» nent sur les animaux, dans différentes provinces
» de son royaume, les maladies contagieuses dont ils
» sont attaqués, notamment celle de la *morve*, et
» considérant que cette maladie, contre laquelle on
» n'a trouvé jusqu'à présent aucun remède curatif,
» se communique, se propage et se perpétue par tou-
» tes sortes de voies; que l'écurie où un cheval at-
» teint de la morve n'a fait que passer, les harnais et
» tout ce qui lui a servi reçoivent et communiquent
» ce vice épidémique, qui ne tarde pas à se dévelop-
» per; qu'une des causes principales de la contagion
» ne peut être attribuée qu'à la négligence et à un in-
» térêt mal entendu des propriétaires, marchands de
» chevaux et de bestiaux, qui, au lieu de déclarer le
» mal dès son principe, cherchent à le déguiser, jus-
» qu'à ce que les animaux, qui en sont atteints,
» soient absolument hors d'état de service; que des
» écarrisseurs et autres, après avoir acheté des che-
» vaux et bêtes frappés de mal, sous prétexte de les
» guérir ou de les abattre, en font un trafic funeste,

même dans la vente des parties mortes ; sa majesté jugeant nécessaire de réprimer des abus aussi contraires à l'agriculture et au commerce et voulant y pourvoir : ouï le rapport du sieur de Calonne, conseiller ordinaire au conseil royal, contrôleur général des finances, le roi, étant en son conseil, a ordonné et ordonne ce qui suit :

» ARTICLE 1er. Toutes personnes, de quelque qualité et condition qu'elles soient, qui auront des chevaux et bestiaux atteints ou *soupçonnés* de la morve ou de toute autre maladie contagieuse, telles que le *charbon*, la *gale*, la *clavelée*, le *farcin* et la *rage*, seront tenues, à peine de cinq cents francs d'amende, d'en faire sur-le-champ leur déclaration aux maires, échevins ou syndics des villes, bourgs et paroisses de leur résidence, pour être lesdits chevaux et bestiaux vus et visités sans délai, en la présence desdits officiers, par les experts vétérinaires les plus prochains, lesquels se transporteront à cet effet dans les écuries, étables et bergeries, pour reconnaître et constater exactement l'état des chevaux et animaux qui leur auront été déclarés. »

« ART. 2. Autorise, sa majesté, les sieurs intendants et commissaires départis dans les différentes provinces du royaume à nommer autant d'experts qu'ils le jugeront à propos pour lesdites visites choisies par préférence parmi *les élèves des écoles vétérinaires ; à leur défaut, parmi les maréchaux ou autres qui auront les certificats d'étude et de capacité du direc-*

*teur de l'école vétérinaire, ou qui auront subi un examen
sur les demandes qui leur seront faites en présence dudit
sieur commissaire par deux artistes vétérinaires du département.* »

ART. 5. Seront tenus lesdits experts de *prêter leur
ministère* toutefois et quantes ils en seront *requis* par
les officiers *de maréchaussée* , *subdélégués* , *officiers
municipaux et syndics* , pour examiner les chevaux et
bestiaux suspects , comme aussi de se transporter à
cet effet dans les marchés publics et dans les écuries
des maîtres de postes , des entrepreneurs de messageries ou roulages et loueurs de chevaux ; même
aussi dans les écuries , étables et bergeries des particuliers , sur les déclarations et dénonciations de mal
contagieux qui auraient été faites à leur égard , en se
faisant toutefois , audit cas , *autoriser* par le juge du
lieu et *accompagner d'un officier municipal ou du syndic
de la paroisse.*

Fait défenses Sa Majesté à toutes personnes de refuser l'entrée de leur écuries , étables et bergeries aux-
dits experts *ainsi assistés* , et d'apporter aucun obstacle à ce qu'il soit procédé , conformément à ce que
dessus , auxdites visites , dont il sera dressé procès-
verbal , lors duquel , en cas de difficultés , les parties
intéressées pourront faire tel dire et réquisitions
qu'elles aviseront , et il y sera statué , provisoirement
et sans aucun délai , par le juge qui aura autorisé la
visite. »

« **ART. 4.** Défenses sont faites à tous *maréchaux,*

bergers et autres, de *traiter* aucun animal attaqué de la maladie contagieuse et pestilentielle, *sans en avoir fait la déclaration aux officiers municipaux ou syndics de leur résidence,* lesquels en rendront compte sur-le-champ au subdélégué, qui fera appliquer sans délai sur le front de la bête malade un cachet en cire verte, portant ces mots : ANIMAL SUSPECT ; pour, dès cet instant, être, les chevaux ou autres animaux qui auront été ainsi marqués, conduits et enfermés dans *des lieux séparés et isolés.*

Fait pareillement défenses Sa Majesté à toutes personnes de les laisser communiquer avec d'autres animaux, ni de les laisser vaguer dans les pâturages communs ; le tout sous la même peine. »

ART. 5. Les chevaux qui auront été attaqués de la *morve,* et les autres bestiaux dont la *maladie contagieuse aura été reconnue incurable par les experts,* seront abattus sans délai, ensuite *ouverts par lesdits experts,* lesquels appelleront à l'abattage et ouverture desdits animaux un officier municipal ou syndic, qui en dressera procès-verbal, pour être envoyé audit sieur commissaire départi ou à son subdélégué ; et ce procès-verbal contiendra en détail le genre et le caractère de la maladie de l'animal, et les précautions pour éviter la contagion. »

ART. 6. Les chevaux et bestiaux morts et abattus pour cause de morve ou de toute autre maladie contagieuse pestilentielle, *seront enterrés* dans des fosses de *dix pieds* (trois mètres vingt centimètres, de profondeur, qui ne pourront être ouvertes plus près *de cent toises*) quatre vingt-quatorze mètres dix-huit centimètres) de toute habitation, et les peaux en seront tailladées ; les écuries dans lesquelles auront séjourné les chevaux morveux, ainsi que les étables et bergeries qui auront servi aux animaux attaqués de maladies contagieuses, seront, à *la diligence des officiers municipaux et experts*, aérées et purifiées ; lesdits lieux ne pourront être occupés par aucuns autres animaux, que lorsqu'ils auront été purifiés, et qu'il se sera écoulé un temps suffisant pour en ôter l'infection ; les équipages, harnais, colliers *seront brûlés* ou *échaudés*, conformément à ce qui sera prescrit par le procès-verbal d'abattage qui aura été dressé, et dont sera laissée copie pour, par les propriétaires ou autres, s'y conformer, ainsi qu'à toutes les précautions qui auront été indiquées par les *experts*, à l'effet d'éviter la contagion ; le tout sous la même peine de cinq cents francs d'amende. »

« ART. 7. Fait Sa Majesté défense, sous les mêmes peines, à tous marchands de chevaux et autres, de *détourner*, sous quelque prétexte que ce soit, *vendre ou exposer en vente*, dans les *foires* et *marchés*, ou *partout ailleurs*, des chevaux ou bestiaux *atteints* ou suspectés de *morve* ou *de maladies contagieuses ;* et aux hôteliers, cabaretiers, laboureurs et autres, de recevoir dans leurs écuries ou étables ordinaires aucuns chevaux ou animaux soupçonnés de semblables maladies, auquel cas ils seront tenus d'en faire aussitôt la déclaration ci-dessus prescrite. »

« **Art.** 8. Autorise, Sa Majesté, lesdits sieurs commissaires départis et leurs subdélégués, à commettre dans les villes, bourgs et villages de leurs généralités, tel nombre d'écarrisseurs qui sera jugé nécessaire, lesquels *seuls* pourront faire l'enlèvement et écarrissage des animaux morts dans les arrondissements qui leur seront prescrits, auxquels il sera délivré, sans frais, une commission par lesdits sieurs intendants et subdélégués, sans qu'aucuns autres puissent s'immiscer dans l'écarrissage des chevaux et bestiaux, à peine de prison. »

« **Art.** 9. Les écarrisseurs ne pourront, sous peine d'être déchus de leur commission, d'amende ou de telle autre punition qu'il appartiendra, *vendre et débiter* aucune *viande* provenant de chevaux ou animaux qui, suivant l'art. 2, auront été abattus pour être enterrés. »

 « **Art.** 10. Autorise, Sa Majesté, toutes personnes à dénoncer les contraventions qui pourront être faites aux dispositions du présent arrêt ; et, lorsqu'elles auront été bien et dûment constatées, le tiers des amendes qui auront été prononcées, et qui seront payables sans déport, appartiendra au dénonciateur, auquel il sera accordé en outre une récompense proportionnée au mérite de la dénonciation. »

« **Art.** 11. Seront tenus les maires et échevins dans les villes, et les syndics dans les campagnes, d'informer, au premier avis qu'ils en auront, les intendants et leurs subdélégués, des maladies contagieuses ou épizootiques qui se manifesteront dans l'étendue de leur arrondissement, à peine d'être rendus personnellement responsables de tous dommages qui pourraient résulter de leur négligence. »

« Art. 12. Toutes les amendes encourues aux termes des articles ci-dessus, seront payées sans déport, et les contrevenants y seront contraints par toutes voies dues et raisonnables, même par emprisonnement de leurs personnes. »

« Art. 13. Et seront les ordonnance rendues pour la police du marché aux chevaux, et notamment celle du 8 juillet 1763, exécutées en leur contenu. »

» Art. 14. Ordonne, Sa Majesté, que, conformément aux attributions ci-devant données tant au sieur Lieutenant-Général de police de la ville de Paris, qu'aux sieurs commissaires départis dans les provinces du royaume, chacun en droit soi, ils continuent d'avoir, exclusivement à tous autres juges, la connaissance des contestations qui pourraient survenir sur l'exécution du présent arrêt, ainsi que des *précédents réglements et ordonnances* intervenues au même sujet, sauf l'appel au conseil ; leur enjoint, ainsi qu'aux maires, échevins et syndics, de tenir la main à l'exécution du présent arrêt, et aux officiers et cavaliers de maréchaussée et tous autres, de prêter la main-forte et l'assistance nécessaires à cet effet. »

Fait en conseil d'Etat du roi, sa majesté y étant, tenu à Versailles, le 16 juillet 1784.

« **Art. 19.** Aussitôt qu'un propriétaire aura un troupeau malade (bêtes à cornes, à laine ou porcs) il sera tenu d'en faire la *déclaration* à la municipalité : elle assignera sur le terrain de parcours ou de la vaine pâture, si l'un ou l'autre existe dans la paroisse, un espace où le troupeau malade pourra pâturer exclusivement, et le chemin qu'il devra parcourir pour se rendre aux pâturages. Si ce n'est point un pays de parcours ou de vaine pâture, le propriétaire sera tenu de ne point faire sortir de ses héritages le troupeau malade. »

« **Art. 23.** Le troupeau atteint de maladies contagieuses, qui sera rencontré au pâturage sur les terres du parcours ou de la vaine pâture autres que celles qui auront été désignées pour lui seul, pourra être saisi par les gardes champêtres, et même par toute personne ; il sera ensuite mené au lieu du dépôt qui sera indiqué à cet effet par la municipalité.

» Le maître de ce troupeau sera condamné à une amende de la valeur d'une journée de travail par tête de bête à laine, et à une amende triple par tête d'autre bétail. Il pourra, en outre, suivant la gravité des circonstances, être responsable du dommage que son troupeau aurait occasionné sans que cette responsabilité puisse s'étendre au delà des limites de la municipalité.

» A plus forte raison cette amende et cette responsabilité auront lieu si ce troupeau a été saisi sur les terres qui ne sont point sujettes au parcours ou à la vaine pâture. »

Articles du décret de l'Assemblée constituante, du 6 octobre 1791.

—

Titre 1er. — § 4.

Titre 2.

« **Art. 13.** Les bestiaux morts seront enfouis dans la journée à quatre pieds de profondeur par le propriétaire, et dans son terrain, ou voiturés à l'endroit désigné par la municipalité pour y être également enfouis, sous peine, par le délinquant, de payer une amende d'une journée de travail et les frais de transport ou d'enfouissement. »

« **Art. 459.** Tout détenteur ou gardien d'animaux ou de bestiaux *soupçonnés* d'être *infectés* de maladies contagieuses, qui n'aura pas averti surl-e-champ le maire de la commune où ils se trouvent, et qui même, avant que le maire ait répondu à l'avertissement, ne les aura pas tenus renfermés, sera puni d'un emprisonnement de six jours à deux mois, et d'une amende de seize francs à deux cents francs. »

« **Art. 460.** Seront également punis d'un emprisonnement de deux mois à six mois et d'une amende de cent francs à cinq cents francs ceux qui, au mépris des défenses de l'administration, auront laissé leurs animaux ou bestiaux infectés communiquer avec d'autres. »

« **Art. 461.** Si de la communication mentionnée au précédent article, il est résulté une contagion parmi les autres animaux, ceux qui auront contrevenu aux défenses de l'autorité administrative seront punis d'un emprisonnement de deux ans à cinq ans, et d'une amende de cent francs à mille francs, le tout sans préjudice de l'exécution des lois et réglements relatifs aux maladies épizootiques et de l'application des peines y portées. »

« Art. 462. Si les délits de police correctionnelle
dont il est parlé au précédent chapitre, ont été com-
mis par des gardes champêtres ou forestiers, ou des
officiers de police, à quelque titre que ce soit, la
peine d'emprisonnement sera d'un mois au moins et
d'un tiers au plus en sus de la peine la plus forte
qui serait appliquée à un autre coupable du même dé-
lit. »

Telle est la législation applicable aux maladies contagieuses en général. Chacune d'elles est en outre ré-
gie selon sa nature par des arrêts spéciaux que nous
ne ferons pas connaître : cela nous amènerait trop
loin, et nécessiterait d'ailleurs sur chaque maladie contagieuse, des détails que nous devons éviter pour ne
pas sortir du cadre que nous nous sommes tracé.

On a dû déjà remarquer, dans les quelques articles que nous avons transcrits textuellement, de nombreuses contradictions, tant à l'égard des amendes,
de l'emprisonnement que de l'enfouissement des cadavres. Aussi, et pour n'en citer qu'une seule, pendant que l'arrêt du conseil d'Etat du roi, du 16 juillet 1784, porte dans son article 6, que les cadavres
des animaux morts de maladies contagieuses seront
enfouis à *dix pieds* de profondeur, l'article 13, titre
2 du décret de l'Assemblée constituante du 6 octobre 1791, n'exige que *quatre pieds*. Cette contradic-
tion ne peut pas avoir, nous le savons, de très grandes conséquences, mais il en est d'autres beaucoup
plus graves dans l'application, qu'il serait important de

faire disparaître. Le Code pénal, résumant la législation antérieure, aurait dû faire cesser cet état de choses, mais il n'a fait au contraire que le confirmer par les dispositions de l'article 484, dont voici le texte :

« Art. 484. Dans toutes les matières qui n'ont pas été réglées par le présent Code, et qui sont régies par des lois et réglements particuliers, les cours et les tribunaux continueront à les observer. »

CHAPITRE II.

APPLICATIONS.

En fait, il ressort de toute cette législation : 1° Que le propriétaire doit déclarer à l'autorité municipale l'existence de toute maladie contagieuse se manifestant sur un ou plusieurs de ses animaux ;

2° Qu'il doit se soumettre à toutes les mesures que cette autorité jugera convenable de prendre contre ces maladies, tant dans l'intérêt de la salubrité que de la santé publiques.

Ainsi donc, toute personne qui possède, détient, un ou plusieurs animaux affectés, ou seulement *soupçonnés* de maladies contagieuses, doit en informer, par écrit, le maire de sa commune, et tenir ces animaux isolés et enfermés, sous peine d'un emprisonnement de six jours à un mois, et d'une amende de 16 à 500 fr. (Code pénal, art. 459.)

Si, contrairement à ces prescriptions, le propriétaire laisse vaguer ses animaux malades, et qu'il en résulte la communication de la maladie à des animaux sains, il se rend, par ce fait, passible d'un emprisonnement de *deux à cinq ans*, et d'une amende de 100 à 1,000 fr. (Code pénal, art. 461.)

Il doit, en outre, recevoir les autorités revêtues de leurs insignes, et les gens de l'art qui les accompagnent ; répondre à toutes les questions qui lui sont adressées, soit sur la maladie, soit sur le nombre et les espèces d'animaux qu'il possède ; se prêter, sans résistance, à toutes les visites, dénombrements, signalements et estimation de ses bestiaux ; enfin, se soumettre à la marque, à la séquestration, l'isolement, le cantonnement, et même l'abattage de ses animaux. (Arrêt du 16 juillet 1784, art. 3.)

Celui qui se refuserait à ces mesures, soustrairait à la visite ou au dénombrement un animal *sain* ou malade, se rendrait passible d'une amende de 500 fr., et payable par corps. (Arrêt du 18 décembre 1774, art. 6.)

Après l'abattage, ou la mort naturelle à la suite de maladies contagieuses, les cadavres des animaux doivent être transportés à *cent quatre-vingt-quinze mètres* de toute habitation, et enfouis, avec leur peau tailladée, dans des fosses de *trois mètres* de profondeur. (Arrêt du 16 juillet 1784, art. 6.)

Il est défendu à toute personne, sous peine de 500 fr. d'amende, et même d'emprisonnement, de déterrer ces animaux, d'en acheter ou vendre la peau, ni les autres issues. (Arrêt du Parlement, du 24 mars 1745, art. 6.)

Dans aucun cas, les cadavres des animaux morts ne peuvent être jetés dans les fleuves ou rivières, ni déposés dans les bois, champs, fossés, etc.

Les contrevenants sont passibles d'une amende de *rois cents francs*, et de tous dommages et intérêts. Même Arrêt, art. 5.)

Tous les harnais et ustensiles qui auront servi à l'usage des animaux affectés de maladies contagieuses, seront lavés, échaudés, et *désinfectés*, ainsi que les étables ou locaux qu'ils occupaient. (Arrêt du 16 juillet 1784, art. 6.)

Nul ne peut, en aucune circonstance, acheter ni vendre des animaux atteints, ou *seulement suspectés* de maladies contagieuses, sous peine d'une amende de *cinq cents francs*. (Arrêt du 16 juillet 1784, art. 6.)

Dans les contrées infectées de maladies contagieuses, cette prohibition s'étend même aux animaux sains, qui ne peuvent être vendus aux bouchers, ni tués par ces derniers, que sur un certificat d'expert, visé par le maire, et constatant que l'animal vendu n'est point affecté de maladie. Dans tous les cas, ces animaux doivent être tués dans les vingt-quatre heures. (Arrêt du Conseil, du 19 juillet 1746, art. 8.)

Il est défendu à tous propriétaires ou fermiers, hôteliers, cabaretiers, laboureurs et autres, de recevoir dans leurs écuries, ou étables ordinaires, aucun animal atteint ou *soupçonné* de maladie contagieuse, sans en faire aussitôt sa déclaration au maire. (Arrêt du 16 juillet 1784, art. 7.)

Dans les communes rurales, la plupart des maires étant pris parmi les propriétaires, nous croyons devoir leur donner ici un petit aperçu des devoirs que

§ II.
Devoirs
des maires.

la loi leur impose , dans le cas de maladie épizootique et contagieuse.

Dès qu'un maire a appris , directement ou indirectement, l'existence dans sa commune d'une maladie contagieuse quelconque, son devoir est d'en informer aussitôt le sous-préfet, en même temps qu'il délègue le vétérinaire le plus voisin, pour constater la nature et l'état de cette maladie.

Sur le rapport de ce vétérinaire , le maire doit faire immédiatement séquestrer les animaux malades ou suspects , afin d'arrêter, autant que possible , la propagation de la maladie. Il informe en même temps tous ses administrés , par des affiches et des publications, de l'existence de la maladie, et enjoint aux propriétaires de déclarer immédiatement le nombre d'animaux malades qu'ils pourraient avoir, ainsi que leur signalement.

En même temps que ces premières mesures seront prises , ce magistrat ordonnera et fera exécuter des visites dans toutes les étables ou écuries quelconques, afin de constater le nombre d'animaux, soit sains , soit malades , et s'assurer qu'il n'en a été soustrait aucun à l'action de la loi. On visitera aussi les champs de foire ou de marchés d'animaux. Ces visites seront faites par des vétérinaires brevetés , délégués à cet effet, et accompagnés par le maire en personne, son adjoint, ou un officier public décoré de leurs insignes.

Tous les animaux malades ou suspects , devront être, en présence du maire ou de son délégué, mar-

s d'un fer chaud, portant les lettres M (malade), et
suspect). Après la guérison, et sur un arrêté de
le préfet, on les contremarquera de la lettre G
éri).

En outre de ces mesures, et lorsque la maladie rè-
era épizootiquement, on placera des poteaux aux
nfins de la commune, pour indiquer que la maladie
sévit. Des signaux placés aux portes des étables ou
uries contenant des animaux malades, donneront
s mêmes indications.

Cependant, dans les cas où la maladie contagieuse
t particulière aux bêtes vivant en troupeaux, mou-
ns, chèvres, porcs, bœufs, etc., le maire peut,
our que le propriétaire puisse subvenir à leur en-
etien, désigner, sur son héritage ou sur le terrain
e parcours ou de vaine pâture, s'il en existe dans la
ommune, un espace sur lequel ce propriétaire pourra
ire pâturer, boire, ou manger ses animaux malades.
Mais, dans ces cas, cet espace sera signalé de loin par
es poteaux et signes particuliers.

Mais tout troupeau ou animal malade trouvé sur un
errain autre que celui désigné par l'autorité, sera
saisi par le garde champêtre, ou par toute autre personne, et conduit au lieu de dépôt désigné par le
maire; et le maître, ou propriétaire, puni d'une
amende d'une journée de travail par tête de bête à
laine, et triple, par tête de tout autre bétail.

Le maire devra faire défense à tout vétérinaire,
maréchal, berger ou autres, de traiter aucun animal

atteint de maladie contagieuse, sans lui en avoir fai
préalablement la déclaration.

Il commettra, en outre, tel nombre d'équarrisseur
qu'il jugera convenable, et qui seuls devront et pourront faire l'enlèvement et l'enfouissement des animaux morts.

Tout fonctionnaire, ou autre personne, qui trou-
vera dans les champs, sur les chemins, foires ou
marchés, un animal marqué de la lettre M, est tenu
de le conduire ou faire conduire devant le juge-de-
paix, qui le fera tuer sur-le-champ en sa présence.

Tant que durera la maladie, le maire doit faire tenir les chiens à l'attache, et faire tuer tous ceux qui
sont trouvés errants et vagabonds.

Tout maire ou fonctionnaire qui aura délivré des
certificats ou attestations contraires à la vérité, sera
condamné à *mille francs* d'amende et même poursuivi
extraordinairement. (Arrêt du 24 mars 1745, art. 14.)

Le maire devra tenir le sous-préfet au courant de
toutes ces mesures, par des rapports quotidiens et
circonstanciés.

APERÇU

sur

LES PRINCIPALES MALADIES

DES BESTIAUX.

———

s animaux domestiques sont affligés de toutes
isères de notre pauvre espèce. Ils sont, comme
, frappés de maladies nombreuses et cruelles,
ionnées le plus souvent, il faut le dire à notre
e, par nos exigences, notre incapacité, notre
otisme. Nous sommes les auteurs de leurs souf-
es comme nous le sommes, le plus souvent,
ôtres propres.

connaissance de ces maladies exige des études
nombreuses, trop profondes, pour que nous
s la prétention d'improviser des médecins, de
re, comme on dit, la médecine à la portée de
le monde, lorsqu'elle se trouve, en réalité, à
ortée de si peu de gens. Les médecins ne se font
avec les livres; et, quelque bonne opinion que
s devions avoir du nôtre, nous ne lui attribuons
cette vertu.

ais nous voulons, si cela est possible et nous le
yons, éveiller les soupçons des propriétaires à l'é-
d du début des maladies, des maladies violentes
tout, afin qu'ils puissent appeler efficacement les

hommes de l'art, au lieu de perdre à attendre
temps précieux, souvent irréparable. Nous voulo
qu'ils puissent faire exécuter convenablement les t
tements ordonnés par les vétérinaires, remédier e
mêmes à certains accidents, et donner, dans les c
constances pressantes, exceptionnelles, les premi
soins à leurs animaux malades.

Que nos lecteurs ne s'imaginent donc pas trouv
dans cet écrit, qui est le complément de notre œ
vre, un secret, une panacée pour guérir leurs be
tiaux sans le secours des vétérinaires. Nous somm
de trop bonne foi pour user d'un pareil charla
nisme, et nous ne voulons pas mettre entre leu
mains inhabiles une arme dont ils ne peuvent poi
faire usage sans se blesser en la maniant.

Nous repoussons donc ce moyen déloyal de capt
la confiance publique ; car nous avons voulu fai
une œuvre sérieuse, destinée à éclairer les propri
taires, mais non à en faire des vétérinaires, entr
prise impossible, à notre avis.

Nous avons dit que l'hygiène était l'art de conse
ver la santé.

Or, la santé est l'état naturel ou normal de la vie
et la maladie, l'état passager, exceptionnel qui l
compromet ; car être malade, c'est être en voie d
mourir.

La médecine est donc l'art de rétablir la santé pe
due, c'est-à-dire de guérir les maladies.

Malheureusement, ou peut-être heureusement, ce

rt n'est pas infaillible. Il n'atteint pas toujours son ut, bien s'en faut; d'où il suit, comme nous l'avons éjà dit, qu'il vaut mieux prévenir les maladies par ne bonne hygiène, que chercher à les guérir par la meilleure de toutes les médecines. Le premier moyen st toujours plus sûr, plus facile que le second.

Il y a deux ordres de maladies, les maladies internes et les maladies externes.

Les maladies internes ont leur siège dans l'intérieur du corps, les externes à la surface. Les premières ont invisibles, impalpables; les secondes, sensibles le plus souvent aux yeux et au toucher.

Les maladies comprennent trois classes principales, savoir : 1° les maladies par excès de vitalité, inflammatoires ou sanguines, auxquelles conviennent les saignées et les remèdes adoucissants.

2• Les maladies par manque de vitalité, ou d'affaiblissement, engendrées le plus souvent par l'âge, les mauvais soins, la misère, et auxquelles conviennent les remèdes fortifians, excitants et pas la saignée. 3° Enfin, les maladies nerveuses, si bizarres, si obscures, si effrayantes dans leur marche, auxquelles la médecine ne comprend pas grand'chose, et contre lesquelles elle est et demeure généralement impuissante.

Les maladies de la première classe, inflammatoires ou sanguines, sont en général caractérisées par la force et la dureté du pouls, l'augmentation de la chaleur et de la sensibilité, le gonflement des veines, l'assoupissement de l'animal, la rougeur et le gonflement des yeux, etc. Elles n'attaquent guère que les animaux vigoureux, jeunes ou bien nourris.

Celles de la seconde classe ont des caractères opposés; c'est-à-dire que l'animal a les yeux pâles, souvent enfoncés, les veines non apparentes, la peau sèche, le poil hérissé, les pulsations des artères petites et faibles. Il est en outre triste, mou, le plus souvent fort maigre, exténué par la misère ou le travail.

Les névroses ou maladies de la troisième classe, ont pour principaux caractères de ne suivre aucune marche régulière, de frapper généralement par attaques, à des époques plus ou moins éloignées, de déterminer des mouvements convulsifs, des tremblements ou des tensions, des raideurs des chairs.

CHAPITRE Ier.

MALADIES INTERNES.

Nous allons donner sommairement la description
le traitement des principales maladies inflamma-
ires.

Ces maladies étant les plus communes, les plus
olentes en même temps que les mieux connues, nous
us en occuperons d'une manière toute spéciale.
is, au lieu d'entrer dans les distinctions subtiles
e la science établit de nos jours entre les maladies
versement nuancées d'un même organe, pour n'a-
utir le plus souvent qu'à créer un mot, nous re-
ercherons, au contraire, ce qu'il y a de semblable
tre elles, pour les grouper par organes, les con-
ndre dans un même traitement, et simplifier ainsi
tte étude difficile pour la rendre accessible à tous.
us généraliserons, au lieu de diviser.

Cette manière très-simple de procéder et le langage
ulgaire que nous emploierons pour être mieux com-
is, feront, sans nul doute, beaucoup rire les sa-
ants qui nous liront, s'il y en a qui daignent nous
re. Mais cela nous importe peu, pourvu que nous
tteignions notre but, celui d'éclairer nos lecteurs.

Fidèles à cette méthode simple et naturelle, nous

étudierons les maladies, non pas par organes, mais par groupes d'organes, selon les parties du corps de l'animal qui les contiennent. Ainsi, nous commencerons par les maladies de la tête.

La première qui se présente est le *vertige*, maladie grave, le plus souvent incurable, que les savants ont successivement appelée *cérébrite*, *méningite*, *arachnoïdite*, *encéphalite*, sans pour cela la guérir mieux ni plus souvent.

Caractères. — Le vertige a pour siège le cerveau et les enveloppes. Il débute par la nonchalance des mouvements, une légère insensibilité du corps, la pesanteur de la tête, l'obscurcissement de la vue et la diminution ou la disparition de l'appétit. A mesure que la maladie fait des progrès, ces signes deviennent plus apparents, plus sensibles; et enfin, l'animal perd l'ouïe, la vue, tient la tête basse, l'appuie contre le mur ou la mangeoire, et pousse avec violence; dans ce moment, sa respiration devient bruyante, accélérée; il se couvre de sueur, soit par l'effet du mal, soit par la fatigue qu'il prend à pousser ainsi. Enfin, la maladie avançant toujours, les mouvements deviennent de plus en plus violents, désordonnés; l'animal heurte de la tête tous les corps environnants, trébuche, tombe, et quelquefois se tue.

Mis dans une cour, dans un champ ou sous un hangar, attaché, au moyen d'une longue corde, à un piquet fixé à terre ou à un tourniquet, le malade

ourne sur lui-même avec assez de calme et sans se
blesser, parce qu'il ne rencontre pas d'obstacle. C'est
de cette action de tourner que vient probablement le
nom de vertige.

Cette affection, livrée à elle-même, dure ordinairement de deux à quatre jours, avec des intervalles de
calme et de désordre. Dans les rares cas de guérison,
les animaux demeurent inintelligents, stupides : ils
sont, comme on dit, immobiles, par conséquent
dangereux.

Jusqu'ici, la médecine est demeurée à peu près
impuissante contre cette redoutable maladie. Elle
conseille pourtant de saigner les animaux, surtout à
la queue, en leur en coupant trois à quatre nœuds.
On seconde ce moyen par l'application de l'eau froide
ou de la glace sur la tête de l'animal, et par des dé-
rivatifs, sétons ou vésicatoires au poitrail ou aux
fesses. Le cheval est très-sujet à cette maladie ; le
mulet et le bœuf fort peu.

Synonimie : *Catarrhe nasal, rhume de cerveau,
coryza.*

Caractères. — Rougeur et gonflement de l'intérieur
des naseaux d'où s'écoule un liquide aqueux, limpide,
filant, qui devient plus abondant, plus visqueux, plus
épais à mesure que la maladie avance vers son déclin. L'animal est en outre triste et a les ganglions
de l'auge plus ou moins engorgés ; l'appétit varie selon l'intensité de la maladie, qui est propre à tous nos
animaux.

Traitement.

Catarrhe nasal.

Causes. — Refroidissements, coups d'air à la tête, habitation dans un lieu humide.

Gourme. La Gourme est une maladie de dépuration qui frappe presque tous les chevaux et la plupart des mulets dans leur jeunesse.

Caractères. — Ecoulement blanc ou jaunâtre, épais, plus ou moins abondant, qui s'attache au pourtour des naseaux, et coïncide avec un empâtement des ganglions de l'auge; toux sèche, légère, tristesse, perte ou diminution sensible de l'appétit, légère rougeur des yeux et des naseaux.

Angine. SYNONIMIE : *angine, esquinancie, étranguillon, laryngite, pharyngite.*

Caractères.— Toux sèche dès le début, puis grasse. Léger gonflement et sensibilité de la gorge au-dessous des oreilles, derrière la mâchoire. L'animal tousse dès qu'on lui presse cette partie avec les doigts. Rougeur plus ou moins vive de l'intérieur des paupières et des naseaux. Quelquefois difficulté et même impossibilité d'avaler, les boissons surtout. Perte ou diminution sensible de l'appétit.

Causes. — Boissons froides ou coups d'air, les animaux ayant chaud ou suant.

Le catarrhe, la gourme et l'angine ont un si grand rapport, qu'il n'est pas toujours aisé de les distinguer l'un de l'autre. Il y a pourtant cette différence que l'angine ne donne point ou presque point de jettage par les naseaux, le catarrhe nasal de toux, et que la gourme offre l'un et l'autre. D'un autre côté, dans la gourme, les ganglions de l'auge sont tuméfiés, informes, tandis que dans les catarrhes, ils ont seulement augmenté de volume sans perdre leur forme.

Traitement. — Diète plus ou moins sévère, selon l'intensité du mal. Eau tiède, blanchie avec la farine d'orge ou de seigle, miellée et nitrée. Fumigations par les naseaux de vapeur d'eau, émolliente dans le début et tant que la membrane du nez est rouge, enflammée ; de fleurs de sureau, baies de genièvre ou autre substance excitante lorsqu'elle est devenue pâle, blafarde ; que le jettage menace de devenir chronique ou de s'arrêter trop tôt. Pour faire ces fumigations, il faut recouvrir la tête de l'animal d'un grand linge, et tenir le vase par terre afin que la vapeur ait le temps de se refroidir avant d'arriver aux naseaux, parce que trop chaude elle serait nuisible.

Lorsque la toux est intense et sèche, on administre un électuaire adoucissant, miel et poudre de racine de guimauve. On donne cet électuaire trois à quatre fois par jour au moyen d'une palette de bois que l'on introduit dans la bouche, chargée de cette substance.

La saignée est encore utile quand l'inflammation et la maladie sont vives, qu'elles ne cèdent pas aux premiers moyens. Un seton doit être placé au poitrail, surtout dans le cas de gourme, pour terminer la cure. Les animaux doivent en outre être tenus chaudement et bien couverts d'une couverture de laine.

Lorsque les ganglions de l'auge sont engorgés, que la gorge est sensible, on oint tous les matins ces parties d'onguent de peuplier et on les recouvre d'une peau d'agneau, la laine en dedans.

Maladie des chiens.

Les chiens sont sujets à une maladie particulière, qui a quelques rapports avec la gourme des chevaux, et qu'on appelle vulgairement *la maladie*.

Caractères. — Elle est caractérisée par une petite toux particulière, rauque et comme venant du ventre, accompagnée de vomissement de matières glaireuses et écumeuses ; par une diminution plus ou moins sensible de l'appétit, la pâleur jaunâtre de la bouche, et des yeux qui sont chassieux, et enfin par un jettage par le nez d'une matière visqueuse plus ou moins abondante.

Traitement. — Purgations légères et répétées avec l'émétique ou le calomel, boissons tièdes, miellées, seton à l'entour de la poitrine. On se trouve bien aussi de presser journellement l'anus entre les deux doigts pour en faire jaillir une matière particulière qui, au dire de certains auteurs, s'accumule dans l'intestin et aggrave la maladie.

Morve.

(Voir pour la Morve notre *Traité des vices rédhibitoires.*)

Aphthes.

Les Aphthes sont de petits ulcères de dimensions variables, qui se développent dans la bouche des animaux, et occupent principalement la face interne des lèvres et la langue.

Dans l'espèce bovine, les aphthes règnent souvent

d'une manière épizootique, c'est-à-dire qu'ils attaquent tous les bœufs d'une même contrée. Pourtant,
nous ne croyons pas que cette maladie soit contagieuse, comme certains le prétendent.

Caractères. — Les bœufs qui en sont atteints perdent l'appétit, sont tristes et ont la bouche remplie
de bave. Si on examine l'intérieur de cette cavité,
on aperçoit, si la maladie débute, une quantité plus
ou moins considérable de vésicules ou ampoules blanchâtres et remplies d'une sérosité roussâtre. Ces ampoules en s'ouvrant donnent naissance aux ulcères qui
constituent les aphthes.

Les affections aphtheuses ne sont généralement pas
graves ; cependant, celles des bœufs se compliquent
quelquefois d'ulcérations entre les ongles, qui font
considérablement boiter les animaux et même déterminent quelquefois la chute des ongles.

Traitement. — Le traitement des aphthes est fort
simple ; il consiste à laver la bouche des animaux
avec de la tisane de graine de lin, dans laquelle on
a mis un peu de miel et un filet de vinaigre.

Dans les bœufs, on doit se hâter d'ouvrir les ampoules en lavant la bouche avec de l'eau froide, miellée et acidulée fortement avec le vinaigre ou l'acide
sulfurique, parce que l'appétit et la rumination reviennent dès que les ulcères sont formés. Cet effet obtenu, et selon le degré d'inflammation, c'est-à-dire de
rougeur de la bouche, on rend ce liquide plus ou
moins doux en diminuant les acides et augmentant

le miel. Les ulcères des ongles doivent être traités avec la teinture d'aloës ou le vitriol bleu en poudre.

Ophthalmies.

Caractères. — Les yeux sont sujets à une foule d'affections, appelées ophthalmies, et caractérisées par le gonflement et la rougeur des paupières, le larmoiement et la sensibilité des yeux ; elles sont quelquefois si intenses, que le globe de l'œil en est tout blanc.

Traitement. — Quand les ophthalmies sont simples, il suffit de lotionner la partie avec une eau tiède, émolliente ; lorsqu'elles sont intenses, que le globe de l'œil est enflammé, ainsi que les paupières, il faut recourir à la saignée au cou du côté de l'œil malade. Sur le déclin de ces maladies, ou lorsqu'elles ne sont pas franchement inflammatoires, que les paupières, quoique enflées, sont plutôt rougeâtres que rouges, il faut rendre les lotions astringentes, même légèrement excitantes par l'écorce de saule, de chêne, les feuilles de noyer, de marronnier d'Inde, de fleurs de sureau. Pour l'ophthalmie périodique ou lune (Voir le *Traité des vices rédhibitoires.*)

Maladies de la poitrine.

Les maladies de la poitrine ou plutôt des poumons, sont généralement graves. Cela tient à l'importance de l'organe affecté, et puis aussi à la manière insidieuse dont elles débutent. Les principales sont : le catarrhe et l'inflammation de poitrine.

Catarrhe de poitrine.

SYNONIMIE : *catarrhe, rhume de poitrine, morfondure bronchite.*

Caractères. — Légère gène de la respiration, toux

- 239 -

plus ou moins intense, mais sèche, fréquente, quin-
euse, pénible d'abord, puis rare, grasse, facile.
Quelquefois il s'établit, sur la fin de la maladie, un
léger jettage par les naseaux d'une matière de couleur
et de consistance variables, mais tombant à moments
et comme par flocons.

Traitement. — Diète plus ou moins rigoureuse, selon l'intensité du mal, boissons tièdes, blanchies avec
la farine d'orge ou de seigle, miellées et nitrées. Couvertures de laine, bouchonnements. Si, après quelques jours de ce traitement, la toux ne se calme pas;
si elle ne devient pas grasse, facile, que les yeux et
les naseaux soient rouges, enflammés : saignée de
deux litres environ à la jugulaire (au cou) ou mieux
à la veine de l'éperon, sur les côtés de la poitrine.
Fumigations de vapeur de feuilles de belladonne bouil-
lies dans l'eau. Seton au poitrail.

Synonimie : *Fluxion de poitrine, inflammation de poitrine, pleurésie, pneumonie, pleurite, pneumonite.*

La dénomination vulgaire de fluxion de poitrine
désigne deux maladies bien différentes, l'inflammation des poumons (pneumonite) et celle de leurs enveloppes, les plèvres (pleurite). Quoiqu'il ne soit pas
toujours facile de distinguer ces deux maladies, nous
allons faire en sorte d'en établir la différence.

Caractères. — Respiration difficile, surtout dans
l'inspiration qui est courte et fréquente, battement
des flancs, toux sèche ou avec peu de jettage, rougeur

et sécheresse des naseaux et des yeux, air expiré chaud, perte ou diminution de l'appétit, peau sèche et chaude, sensibilité très-grande de la poitrine lorsqu'on frappe sur les côtes avec le nœud des doigts de la main serrée. Impossibilité pour l'animal de demeurer couché.

Pneumonie. *Caractères*. — Les caractères généraux de la pneumonie sont ceux de la pleurésie. Seulement, dans la pneumonie la toux est grasse, accompagnée d'un jettage abondant et mêlé de sang, et l'*expiration* courte et fréquente, au lieu de l'*inspiration*.

Ces maladies ont souvent un caractère insidieux, c'est-à-dire qu'elles débutent d'une manière obscure, indécise, qui les fait passer souvent inaperçues et les rend plus dangereuses.

Causes. — Les maladies de poitrine proviennent généralement de refroidissements subits, les animaux étant en sueur, d'exercices trop violents, trop prolongés, d'écarts de régime, de chutes ou coups violents sur la poitrine, etc.

Traitement. — Le traitement consiste dans la saignée abondante et répétée pour la pneumonie, petite, ménagée pour la pleurésie. On seconde l'action de ces moyens par des tisanes adoucissantes, miellées et nitrées, une diète sévère, des synapismes, des setons, des vésicatoires sur les côtés de la poitrine, au poitrail et aux fesses. On emploie également, et avec efficacité, un autre mode de traitement, l'émétique à haute dose ; mais ce traitement demande à être dirigé par un vétérinaire habile et expérimenté.

Les maladies du ventre sont de deux sortes. Elles éclatent spontanément, violemment, ou bien d'une manière lente et progressive.

Les maladies violentes et rapides ont reçu le nom général de coliques. Il y a plusieurs espèces de coliques. Mais elles s'annoncent toutes par des mouvements désordonnés de l'animal qui se couche, se lève, se roule sur lui-même, regarde son ventre, plaint, ne mange pas, trépigne et gratte du pied sol. Il y a suspension de toute évacuation d'excrément et d'urine.

L'existence des mêmes signes ou caractères dans toutes les coliques, en rend la distinction fort difficile. Nous allons faire en sorte d'en établir la différence.

SYNONIMIE : *Coliques sanguines, inflammatoires, tranchées rouges, entérite sur-aiguë.*

Caractères. Mouvements désordonnés, violents et sans répit, douleurs atroces, flancs agités, naseaux ouverts. Yeux hagards, fixes et enflammés, vue obscurcie, ventre sensible à la pression et sérré, comme si l'animal n'avait rien mangé de deux jours. Température du corps élevée avec des alternations de froid, frissons et tremblements dans certaines parties.

Ces coliques sont les plus violentes de toutes, elles ne laissent point de trève à l'animal, qu'elles emportent dans quelques heures, lorsqu'un traitement

16

vigoureux n'y met pas obstacle. Ce résultat est annoncé par le développement progressif et continu du mal, des sueurs alternativement chaudes et froides, puis tout-à-fait froides, et enfin la pâleur de la bouche, des yeux, et le refroidissement des oreilles, du nez et des jambes.

Traitement. Le traitement consiste en d'abondantes saignées, pratiquées à la jugulaire d'abord, puis aux veines de l'éperon et de la face interne des cuisses. On va, selon l'âge et la force de l'animal, jusqu'à tirer six à huit litres de sang dans deux heures. Les lavements émollients et les frictions de bon vinaigre chaud aux jambes, secondent parfaitement les saignées. Boissons blanches tièdes, eau de son bouillie.

Coliques venteuses.

Caractères. — Les coliques venteuses sont dues au développement insolite de gaz ou vapeur dans la cavité des intestins. Elles offrent les caractères généraux de toutes les coliques, mais particulièrement un ballonnement plus ou moins considérable du ventre, qui résonne comme un tambour et arrive quelquefois jusqu'à asphyxier les animaux. L'existence de ces gaz donne lieu à des bruits, des gargouillements du ventre qu'on appelle borborygmes et qui sont le plus souvent de bon augure.

Coliques d'indigestion.

Les coliques venteuses généralement graves, résultent : 1° d'un état spécial de l'intestin qui a déterminé la formation des gaz ; 2° des suites d'une mauvaise digestion. C'est ce que l'on appelle colique d'indigestion.

ans le premier cas, le ventre plus ou moins dis-
~~du~~, résonne dans toutes ses parties ; dans le
~~fo~~nd, il ne résonne qu'au haut des flancs ; la partie
~~infé~~rieure lourde, pesante, étant remplie d'aliments
~~mal~~ digérés ou mal digérés. Lorsque le malade rend
~~que~~lque peu d'excréments, ils sont grossiers, mal
~~bro~~yés et non digérés.

Traitement. — Il faut, autant que possible, favoriser
~~l'ex~~pulsion des gaz et ramener les intestins à leur état
~~nat~~urel. On y parvient quelquefois par des bouchon-
~~ne~~ments vigoureux et continus des flancs, des côtes
~~et~~ du ventre ; par des lavements émollients ; par des
~~bre~~uvages aromatiques seuls, puis éthérés (l'infusion
~~d'a~~nis, de camomille romaine, de petite centaurée
~~av~~ec'addition de huit à quatre-vingt-dix grammes
~~d'é~~ther sulfurique), administrés à froid. Les fumiga-
~~tio~~ns émollientes sous le ventre produisent aussi de
~~bo~~ns effets, mais il est rare de pouvoir en faire usage,
~~à~~ cause des mouvements désordonnés du malade.
Les vieux chevaux et les vieux mulets, surtout Colique stercorale.
~~lo~~rsqu'ils sont voraces, ne pouvant qu'imparfaite-
~~m~~ent broyer les fourrages, sont sujets à une colique
~~p~~articulière que l'on appelle stercorale. Cette colique
~~e~~st due à une certaine quantité de fourrages mal
~~b~~royés qui se pelotonnant, forment un tampon qui
~~b~~ouche le gros intestin et s'oppose à l'évacuation de
~~t~~oute espèce de matière fécale.

Caractères. — La colique stercorale se distingue des
~~a~~utres coliques, en ce que l'animal souffre moins, se

tourmente moins. Il se couche, étend les membres, se plaint, mais se roule peu ou point. Au début, il n'y a pas de gonflement du ventre ; mais, à mesure que la maladie fait des progrès, ce gonflement se développe et acquiert quelquefois, au moment de la mort, des dimensions considérables.

Traitement. — Le traitement consiste à faire évacuer la pelote ou bouchon, cause du mal ; mais il n'est pas facile d'obtenir cet effet. Les lavements purgatifs, les boissons émétisées demeurent le plus souvent inefficaces et l'on est obligé d'user des moyens les plus énergiques ; des breuvages purgatifs avec l'aloès, la gomme gutte, l'huile de ricin, etc. Malgré tous ces moyens, la plupart des coliques stercorales sont mortelles.

Coliques d'urine. Lorsque, par une circonstance quelconque, ou par la faute des conducteurs, les chevaux ou les mulets n'ont pu s'arrêter pour uriner à temps, ce liquide s'accumule dans la vessie et détermine de violentes coliques.

Caractères. — Les coliques d'urines offrent les caractères généraux des autres coliques ; mais on les distingue en ce que l'animal agite sans cesse la queue de haut en bas, se campe, c'est-à-dire se place, et fait des efforts pour uriner ; il sort en outre la verge et cherche à demeurer les jambes en l'air en s'appuyant contre les murs lorsqu'il se roule.

Traitement. — Il consiste à faire évacuer l'urine que contient la vessie et qui est la seule cause du mal.

parvient le plus souvent en appliquant au bout
 verge quelque substance excitante, telle que le
e; en administrant quelques lavements émol-
s, et enfin en introduisant dans l'intestin par
s, la main et le bras, afin de presser légèrement
ssie et lui donner la force de contraction que sa
grande distension et le long séjour de l'urine lui
ait momentanément perdre.

s animaux vifs et irritables, sont sujets à une
e espèce de colique que l'on appelle nerveuse.

ractères. — Cette colique n'est pas toujours Colique nerveuse.
à distinguer; elle diffère cependant des autres
des bâillements, par des douleurs brusques,
tes, mais à retour éloigné. Durant ces intervalle malade demeure couché, étendu sur la litière
me s'il était mort. Il se campe comme pour uri-
sans faire d'effort et n'a point de météorisation.

raitement. — Ces coliques ne sont généralement
dangereuses. Elles durent six à huit heures et
ent le plus souvent à des bouchonnements, à la
menade, aux lavements émollients et à de l'eau
rement salée. Si elles résistent à ces simples
yens et qu'elles s'aggravent, on doit alors prati-
r une légère saignée à la veine de l'éperon, et
inistrer l'éther sulfurique dans une infusion de
iomille romaine ou d'anis.

Causes. — Une nourriture trop exclusivement
he, le séjour prolongé dans les écuries, surtout
boissons très-froides, sont les principales causes
coliques nerveuses.

De tous les animaux domestiques, le cheval est le plus sujet aux diverses coliques que nous venons d'étudier, et qui sont presque toutes du fait de l'homme directement ou indirectement.

Maladies lentes.
—
Indigestion. L'indigestion est une maladie grave dans le cheval surtout.

Caractères. — Elle s'annonce par le dégoût, la tristesse de l'animal qui bâille de temps en temps, gratte la terre avec les pieds de devant, regarde son ventre, se tourmente, mais ne se couche pas ; sa tête est basse, sa respiration gênée, sa peau et ses oreilles légèrement froides, et s'il rend quelques excréments, ils sont secs et durs ou très liquides, mal digérés et répandant une odeur très forte ; enfin, si l'on presse le dessous du ventre, près de la jonction des côtes, avec la main ou le genou, on éprouve de la résistance et l'on sent parfaitement que le ventre est dans un état de plénitude plus ou moins considérable.

A mesure que la maladie gagne d'intensité, les caractères s'aggravent ; le malade souffre, se tourmente, se plaint, bave, sue et marche très lentement les jambes écartées ; il pousse quelquefois de la tête et se livre à des mouvements désordonnés, qui ont fait donner à cette indigestion le nom de *vertige abdominal* ; enfin, il y en a qui font des efforts comme pour vomir. Dans le bœuf, ces efforts n'ont rien d'inquiétant parce que cet animal peut vomir ; mais il n'en est pas ainsi dans le cheval, l'âne et le mulet où cette action est impossible.

En outre de ces caractères, la quantité et la qualité
es aliments que le malade a mangés donnent de pré-
ieux renseignements.

Traitement.—Le traitement de l'indigestion consiste
à provoquer et faciliter l'évacuation des matières ac-
umulées dans le ventre, l'estomac et les intestins.
On y parvient quelquefois par des bouchonnements
vigoureux, des frictions sous le ventre avec une barre
de bois enveloppée d'une toile; par des lavements
émollients dans lesquels ont fait dissoudre un peu de
savon pour exciter l'intestin; enfin, par des breuvages salés, aromatiques, éthérés ou rendus purgatifs
par l'émétique, l'huile de ricin, etc; les infusions de
mélisse, de sauge ou de camomille conviennent parfaitement.

Dans le bœuf, le mouton et la chèvre, l'indigestion
se présente sous deux formes différentes; elle résulte
d'une trop grande quantité d'aliments ou des gaz que
la fermentation de ces aliments a produits.

Dans le premier cas, le ventre, quoique distendu,
ne résonne pas.

Dans le second, il résonne comme un tambour et
le flanc dépasse quelquefois les côtes.

L'indigestion par surcharge d'aliments se traite
comme celle du cheval; mais on peut et doit rendre
les breuvages plus excitants. Lorsqu'elle ne disparaît
pas par tous ces moyens, il faut recourir à une opération qui consiste à ouvrir le flanc gauche pour retirer les aliments du ventre avec la main.

Dans le cas d'indigestion gazeuse, *indigestion mé-phitique, simple, tympanite,* on administre d'abord de l'eau salée, de savon ou de lessive de cendres de sarments, de coquilles d'huître, puis enfin on fait un breuvage d'un litre d'eau froide dans lequel on ajoute de 10 à 30 grammes d'ammoniaque liquide pour les bœufs et de 4 à 8 pour les moutons et chèvres. On peut répéter ce breuvage deux à trois fois dans la journée. Enfin, l'eau froide versée sur le dos, les côtes et les flancs, ou mieux, l'immersion complète du malade dans une rivière, amènent d'excellents résultats.

Si l'on n'obtient point de bons effets de l'emploi de tous ces moyens, ou si la maladie marche rapidement et menace la vie de l'animal, il ne faut pas hésiter à lui plonger dans le flanc gauche, en haut, entre les côtes, la pointe de l'os de la hanche et les reins, un troquart, si l'on en possède, ou bien, une lardoire, un couteau, un bistouri, une pointe de fourche, n'importe, pourvu qu'on lui ouvre le flanc et que les gaz puissent s'échapper. On se trouve bien d'introduire par l'ouverture un tube de bois ou de fer, un roseau, par exemple, afin d'empêcher le trou d'être bouché par les aliments, l'écume, etc.

On sait que les trèfles, les luzernes et autres fourrages verts sont presque toujours la cause de cette maladie.

Synonimie : *Grand feu, feu d'entrailles, échauffement, gastro-entérite.*

Grand feu.

Caractères.—Tête basse et pesante, œil triste, paupières et naseaux rouges ; appétit nul, bouche sèche, pâteuse, quelquefois jaunâtre ; langue rouge à sa pointe et à ses bords ; soif ardente ; oreilles ou cornes alternativement chaudes et froides ; corps raide, marche chancelante, ventre serré ou retroussé, sensible à la pression, constipation, ou quelques excréments noirs, durs et glaireux ; grincement des dents, dans les bœufs, surtout, urines rares et colorées.

Traitement. — Diète sévère, saignées abondantes au cou, aux flancs ou aux cuisses, selon les circonstances et la possibilité, tisanes adoucissantes, orge, graine de lin, etc., miellées et nitrées ; lavements émollients, bouchonnements, couverture de laine.

Synonimie : *Diarrhée, foire, flux, cours de ventre, entérite diarhétique.*

Diarrhée.

Caractères. — La diarrhée résulte presque toujours d'une irritation plus ou moins vive des intestins. Elle est souvent précédée de dégoût, de soif, de borborygmes, de douleurs d'entrailles ou coliques qui se terminent par l'expulsion, par l'anus, de matières liquides, de couleur variable plus ou moins molles, abondantes et fétides.

Traitement. — Diète ; tisanes de graine de lin ou d'orge, miellées et nitrées ; quelques lavements adoucissants ; saignée à la veine du ventre (sous-cutanée abdominale), si les douleurs ou coliques sont **vives** et persistantes ; dans ce cas on se trouve bien d'ajouter aux tisanes quelques morceaux de tige de laitue romaine montée, une tête de pavot ou un peu d'opium. Bouchonnements, couverture de laine.

Dyssenterie.

La dyssenterie est une maladie inflammatoire de la nature de la diarrhée ; elle n'en diffère guère que par son intensité et la nature des matières évacuées qui, au lieu d'être verdâtres ou grises, sont sanguinolentes, blanchâtres et ressemblent à des ràclures ou lavures de chairs.

Caractères. — Les caractères sont à peu de chose près ceux de la diarrhée, seulement les excréments ne sont rendus dans le cas de dyssenterie que par parcelles et après des épreintes, des douleurs ou coliques très vives. On voit des malades ouvrir l'anus et l'intestin et faire des efforts inouïs pour ne rien rendre.

Les bœufs sont plus particulièrement affectés de cette fâcheuse maladie qui ne guérit presque jamais complétement. Ceux qui en ont été atteints rendent presque continuellement des vents par l'anus. Dans le midi de la France cette maladie a reçu le nom *d'ordures.*

Traitement. — Le traitement est celui de la diarrhée ; seulement les émissions sanguines ne sont efficaces que dans quelques cas et dès le début ; plus tard, elles sont nuisibles. Le moyen le plus sûr consisterait dans une diète sévère ; mais comme les animaux con-

vent ou reprennent tout leur appétit après quel-
es jours, il est difficile, même impossible, de les y
mettre, sans courir des dangers, les herbivores ne
uvant point soutenir la diète comme l'homme.

Les bœufs sont sujets à une maladie dont le princi-
caractère est le gonflement sans résonnance du
nc gauche et qui est dû à l'engorgement spontané
la rate. Cet engorgement est généralement précédé
la perte de l'appétit et de la rumination, de ma-
se, de mouvements de coliques, de frissons aux
isses, de la rougeur et du larmoiement des yeux
ec clignotement des paupières.

Maladie de la rate (Splénite).

Cette maladie est grave, sa durée varie de deux
ures à deux jours.

Traitement. — Large saignée, breuvages d'eau
idulée avec du vinaigre, lavements d'eau froide.
iète, eau blanche.

Caractères. — L'inflammation des reins est carac-
risée par de l'agitation, des trépignements des pieds
ostérieurs, par la difficulté d'uriner et les efforts que
it l'animal pour rendre quelque peu d'urine quel-
uefois limpide, incolore, le plus souvent épaisse,
ougeâtre, sanguinolente. Il y a quelques mouvements
e colique, des tremblements dans les cuisses, mais
urtout une grande chaleur et une grande sensibilité
ux reins ; c'est le caractère distinctif.

Inflammation des reins. (Néphrite).

L'inflammation des reins ou rognons est une mala-
ie grave, le plus souvent mortelle, surtout lorsqu'elle est due à la présence dans ces organes, de

graviers ou petits calculs qui gênent l'écoulement de l'urine des reins dans la vessie.

Traitement. — Saignées abondantes et répétées, lavements émollients, fumigations de même nature sous le ventre, cataplasme de mauves, son, graine de lin, sur les reins. Diète, tisane mucilagineuse miellée, eau blanche.

Inflammation de la vessie. (Cysite.) Les caractères de l'inflammation de la vessie étant ceux de l'inflammation des reins, nous n'entrerons pas dans de nouveaux détails. On ne peut guère, en effet, distinguer ces deux maladies qu'en introduisant le bras dans l'intestin ; alors on trouve dans le cas de cystite, la vessie pleine, distendue sous la main ; dans celui de néphrite on ne trouve rien, la vessie est vide, les obstacles qu'éprouve le cours de l'urine provenant des reins et non de la vessie.

Le traitement est le même.

Calculs dans la vessie. La pierre, L'existence de calculs dans la vessie, est décelée par des caractères ou signes à peu-près identiques à ceux des maladies précédentes ; seulement, dans les cas de calculs, *l'ischurie*, ou suppression radicale des urines, est subite, instantanée, tandis que dans ceux d'inflammation de la vessie ou des reins, elle n'arrive, lorsqu'elle a lieu, que par les progrès de la maladie.

Traitement. — Il n'y a point d'autre traitement que l'extraction des calculs par une opération particulière que doit pratiquer un homme de l'art. On ne saurait assez tôt recourir à cette opération, parce que la vessie se rompt généralement dans les quarante-huit heu-

es ; cette rupture opérée, le calme renaît, l'animal
araît guéri ; il passe ainsi quelques jours, puis tombe
t meurt frappé de gangrène au ventre.

Cette maladie, si c'en est une, fort rare dans le
heval, est très-commune dans le bœuf.

La plupart des maladies que nous venons de décrire
euvent passer de l'état aigu ou inflammatoire, à l'état
ent ou chronique ; mais, comme dans ce cas, il n'y
pas danger de voir périr les animaux presque subi-
ement, que le propriétaire a tout le temps à lui pour
ppeler le vétérinaire, et que notre intention n'a nul-
ement été, en écrivant cet aperçu, de favoriser son
ncurie, nous n'entrerons dans aucun détail touchant
les maladies de cette seconde classe. Les plus graves
et les plus communes d'entr'elles, la morve, le farcin,
la phthisie, toux ou pomelière, les vieilles courbatu-
res, ont été décrites dans notre *Traité des vices rédhi-*
bitoires ; nous n'y reviendrons pas.

Il faut, au reste, que nos lecteurs sachent que les
maladies lentes, chroniques ou non, inflammatoires,
sont excessivement difficiles à caractériser et à saisir,
à cause précisément de la lenteur de leur développement. Les hommes compétents et expérimentés s'y
trompent, que serait-ce d'eux-mêmes? On ne s'aperçoit le plus souvent de leur existence que lorsqu'il
n'est plus temps.

Nous dirons pourtant un mot d'une maladie grave,
qui fait périr, tous les ans, un nombre considérable
de bêtes ovines, moutons cu brebis, et que quelques

§ 2.
Maladies froides
lentes, ou
chroniques.

précautions hygiéniques et un régime approprié, pourraient, ce nous semble, prévenir, ou tout au moins rendre moins meurtrière ; nous voulons parler de la pourriture des moutons.

Pourriture des moutons.

SYNONIMIE : *Pourriture, gamer, mal de foie, douve, bouteille, goître, cachexie aqueuse, etc.*

Caractères. — La pourriture est une espèce d'hydropisie. Les moutons qui en sont atteints, commencent par être tristes, faibles, languissants. Ils restent en arrière du troupeau, ne résistent pas ou peu, quand on les prend par la jambe de derrière, fléchissent le dos sous la moindre pression. Leur soif augmente, leur appétit diminue, leur laine cède à la plus légère traction ou tombe d'elle-même. Ils ont la peau décolorée, les yeux pâles, jaunâtres, le dedans des paupières comme injecté d'eau ; enfin, il apparaît dans l'auge une espèce de tumeur molle, de dimension variable, que l'on appelle la bouteille, et qui est le caractère distinctif de la maladie.

Cette maladie qui décime les troupeaux, arrivée à cet état, est incurable ; mais on peut la prévenir, non par un traitement quelconque, il n'y en a pas, mais par un bon régime.

A cet effet, il faut d'abord tenir les troupeaux dans de bonnes bergeries, bien saines, sèches et aérées ; ne les jamais sortir avec la rosée, la pluie, ni les conduire paître dans des lieux humides, bas, marécageux ; leur distribuer, avant de les sortir, quelque

bstance tonique, du sel, des grains concassés, du
rc de raisin, qu'ils aiment beaucoup une fois qu'ils
sont habitués. Il faut, enfin, les bien nourrir, et
ir constamment dans les baquets où ils boivent, du
eux fer rouillé.

Nous possédons personnellement des troupeaux qui
ont jamais été atteints de la pourriture dans un pays
cette maladie est très-commune, grâce, nous le
nsons du moins, au régime dont nous venons de
rler.

Les maladies nerveuses ou névroses sont heureuse-
ent assez rares et peu nombreuses ; mais, en re-
anche, elles sont à peu-près toutes incurables, et la
édecine est, en quelque sorte, impuissante à leur
gard. Ce sont les maladies les moins connues dans
eur nature, quoique les plus faciles à caractériser.
ous ne parlerons que du tétanos, de la rage et de la
anse de Saint-Guy, un article spécial ayant été con-
acré à l'épilepsie ou mal caduc, dans notre *Traité des*
ices rédhibitoires.

§ III. Maladies nerveuses.

Le tétanos est une maladie des nerfs du mouvement. Elle consiste dans une tension convulsive de
toutes les chairs ou muscles, telle que l'animal, im-
mobile et raide de toutes ses parties, ressemble exactement à un animal de bois.

Tétanos.

Le tétanos n'affecte pas toujours tout le corps de l'a-
nimal ; il se borne quelquefois à certaines parties, au
devant, au derrière, au côté droit, au côté gauche du
corps, et souvent aux seuls muscles des mâchoires

qui sont serrées au point de rompre plutôt que de s'ouvrir. On dit alors qu'il y a *trismus*.

Le tétanos partiel a reçu des noms si barbares, quoique formés du grec, que nous voulons les donner à nos lecteurs, afin qu'ils jugent des agréments du langage scientifique et des savants qui s'excriment à créer de semblables monstres.

Ainsi, le tétanos de la partie antérieure du corps s'appelle *Emprosthotonos*; celui de la partie postérieure *Opisthotonos;* et celui des côtés droit ou gauche, *Pleurosthotonos*. O Molière ! Molière !...

Traitement. — Comme il est plus facile de créer des mots que de guérir les maladies, on n'a pas encore trouvé de remède certain contre le tétanos. On a long-temps vanté l'huile de térébenthine. On vante aujourd'hui l'opium à haute dose ; mais les succès sont toujours à peu-près les mêmes; on ne peut guère espérer guérir le tétanos que lorsqu'il est léger, partiel.

Il n'attaque que le cheval et le mulet.

Rage.

SYNONIMIE : *Rage , hydrophobie.*

Caractère. — Cette terrible maladie débute dans le chien par la diminution de l'appétit ; une espèce de somnolence, de torpeur, de taciturnité de l'animal, ou bien par une ardeur, une promptitude inaccoutumées dans les actions. Peu à peu l'appétit disparaît, la difficulté d'avaler se déclare avec une soif ardente que l'animal ne peut satisfaire, car il recule épouvanté au seul aspect d'un liquide ou d'un corps luisant quelcon-

...e. Puis, l'envie de mordre survient, la gueule se
...mplit de bave, une respiration saccadée, convul-
...ve, agite les flancs; des tremblements s'emparent de
...nimal, et il meurt dans des convulsions horribles.

Le chien enragé a une physionomie particulière; il
...ourt droit devant lui, la queue basse, le corps raide,
...s yeux brillants et hagards. Il ne s'arrête point,
...'aboie point, et les autres chiens, quelque forts
...u'ils soient, fuient à son approche, plutôt que de
...se défendre.

Dans le cheval, la rage suit la même marche que
...dans le chien, offrant, à très-peu de chose près, les
...mêmes caractères. Seulement, le cheval frappe plus
...du pied qu'il ne mord. Il est très-agité et a une ardeur
...extrême pour l'accouplement.

Le bœuf est encore plus agité, plus inquiet que le
cheval. Il a l'oreille pendante, l'œil trouble et rouge ;
il mange peu, *boit beaucoup*, et frappe des cornes tout
ce qu'il voit, tout ce qu'il rencontre. La maladie se
termine habituellement par la paralysie du train pos-
térieur.

Il y a, comme on vient de le voir, quelque légère
différence dans la rage de ces divers animaux. La
principale tendrait à établir que l'envie de mordre
n'est pas un caractère général de cette maladie ; que
le chien ne mord que parce que c'est son moyen d'attaque et de défense, comme le cheval frappe du pied
et le bœuf de la corne.

Traitement. — Quoi qu'il en soit, le traitement con-

siste pour la rage communiquée par le chien, à cau-
tériser immédiatement et profondément les morsures
avec un fer chauffé à blanc ou avec un caustique liquide acide nitrique, sulfurique, ammoniaque, etc.
L'application d'un fer rouge appliqué fortement sur la
tête des chiens mordus récemment, produit aussi de
bons effets. C'est un moyen recommandé par le célèbre Boyer, pour l'espèce humaine.

La rage n'est spontanée que dans le chien et le
loup ; elle est communiquée dans tous les autres animaux. Le temps qu'elle met à se développer depuis la
communication du virus rabique, varie considérablement. On l'a vue se déclarer quatre à cinq jours après,
comme deux mois. Le terme moyen est de quarante
jours. On ne saurait donc jamais être assez prudent à
cet égard.

Les journaux scientifiques et politiques ont déjà
annoncé, depuis quelque temps , qu'un voyageur ,
M. Ségur d'Héricourt, avait apporté de l'Abyssinie la
racine d'une plante qui guérissait la rage , même pendant les accès. Cette racine a été, dit-on , remise à
M. le ministre de l'agriculture et du commerce. Nous
ignorons encore ce qu'il en a fait. Cependant, ce
n'est pas une chose à enterrer dans les cartons, ce
nous semble !

**Danse
de Saint-Guy.** SYNONIMIE : *Danse de Saint-Guy, de Saint-Weit ,
Chorée.*

La danse de Saint-Guy consiste dans des mouve-

..ents convulsifs, continuels, irréguliers et involon-
..ires d'un ou de plusieurs membres d'un animal. Le
..hien en est particulièrement affecté. Elle est le plus
..ouvent la suite de *la maladie*, et ne nuit point, au
..este, à la santé en général.

Il n'y a pas de traitement connu.

Les animaux sont comme l'homme sujets à la para-
ysie. Elle consiste dans la perte ou la diminution des
..nouvements du corps ou d'une partie du corps. La
..aralysie est plus souvent partielle que générale. Le
..œuf est très-sujet à celle de la partie postérieure du
..orps, *paralysie lombaire*, *moëlle fondue*, *lancis*. On
..a reconnaît à ce que l'animal, quoique se portant
..ien en apparence, tombe tout-à-coup s'il est debout,
..ou ne peut pas se lever du derrière s'il est couché,
..quelques efforts qu'il fasse. Il boit et mange, au reste,
..comme si rien n'était.

Traitement. — La paralysie, ayant son siège dans
le cerveau ou la moëlle de l'épine, guérit rarement.
On emploie contre elle, en friction sur les reins, les
substances les plus actives, essence de térébenthine,
ammoniaque, teinture de cantharides, feu, etc.

CHAPITRE II.

MALADIES EXTERNES.

Les maladies externes sont fort nombreuses. Nous les diviserons en maladies de la peau éruptives, en plaies et en tumeurs.

Arrêt
de transpiration,
coup-d'air.

Nos grands animaux sont, par leurs services, exposés aux vents, au froid, à la pluie, dont l'action modifie plus ou moins profondément les fonctions de la peau, et détermine des maladies de poitrine ou tout au moins des coups d'air.

Les coups d'air sont décelés par la sensibilité, la sécheresse de la peau, et par de petites éruptions qui se développent sur la place qu'occupaient les harnais des chevaux.

Dans le bœuf, les coups d'air sont communs; ils sont l'origine et la source de la plupart de leurs maladies. On les reconnaît à la sensibilité excessive de l'épine dorsale, à l'épaisseur, la sécheresse de la peau qui est collée aux os, a perdu sa souplesse, et craque comme un cuir desséché lorsqu'on parvient à la pincer et à la détacher des os. Le poil est en outre terne et hérissé.

Traitement. Le traitement consiste à réchauffer les animaux, à les envelopper de bonnes couvertures de ine, afin de rappeler la transpiration. On y parvient ans le bœuf, en lui frictionnant l'épine dorsale avec e l'eau-de-vie camphrée, de l'huile de térébenthine et urtout en la lui recouvrant d'un sac, dans lequel on mis une couche un peu épaisse d'avoine torréfiée, e son, ou d'excréments de volaille, chauffés dans n chaudron et arrosés de bon vinaigre. Tisane sudo-ifique, infusion de fleurs de sureau, de coquelicot, in chaud miellé.

Au printemps, lorsque les animaux, par suite du ert ou d'une nourriture trop nourrissante, ont be-oin d'être saignés, il se développe sous la peau de etites tumeurs plus ou moins nombreuses. Ces tu-neurs, de dimension variable, généralement aplaties, ont formées par du sang sorti des veines et déposé ous la peau. Lorsque ces tumeurs sont nombreuses et couvrent tout le corps, la peau est épaisse et comme chagrinée; mais il n'y a généralement pas de déman-geaison.

Traitement. La saignée et une légère diète de quel-ques jours font disparaître tout cela.

La gale est une éruption cutanée, occasionnée par un petit insecte qu'on appelle *acare*, et qui laboure la peau comme une taupe laboure un champ.

Caractères. Eruption sur une ou plusieurs parties du corps, particulièrement les côtés de l'encolure, les épaules, les côtes et le dos, de petites vésicules ou boutons arrondis, très-nombreux et rapprochés, durs à leur base, mais moux, tous remplis d'eau à

§ 1er.
Eruptions.
—
Echauboulure.

Gale.

leur pointe. Ces boutons, gros comme la tête d'une petite épingle, réunis et agglomérés, forment des plaques de grandeur variable, où le poil tombe et où les animaux éprouvent de vives démangeaisons; ils se frottent contre tout ce qu'ils trouvent, se grattent avec les dents partout où ils peuvent atteindre, et portent souvent ainsi la maladie d'une partie sur une autre, car la gale est essentiellement contagieuse, même pour l'homme.

Tous les animaux domestiques sont sujets à cette maladie, qui chez tous offre des caractères analogues.

Traitement. Le traitement consiste d'abord à bien nettoyer la peau avec des décoctions émollientes, puis à la lotionner avec une forte décoction de feuilles de tabac dans une lessive alcaline de cendres de sarments, par exemple. Si ces moyens ne suffisent pas, on emploie l'huile de cade, le soufre, les cantharides, l'huile de térébenthine, le mercure combinés diversement, ainsi qu'on le verra au formulaire. On emploie également la saignée lorsque l'inflammation de la peau est trop vive, que l'animal est jeune, vigoureux, ou bien nourri; il est bon dans ces cas de le soumettre à un régime; eau blanche nitrée, et légère diète.

Dartres.

Caractères. Les dartres sont caractérisées par l'éruption de petits boutons rouges, pustuleux, agglomérés et réunis en plaques de dimension variable, offrant toutes une rougeur plus ou moins vive. Elles sont accompagnées de démangeaisons et de chutes es poils. Il y en a trois espèces : la dartre sèche, humide et la rongeante, la plus grave et la plus rebelle.

Traitement. Le traitement est à peu près celui de gale : propreté, régime, saignée dans certains cas, tions de lessive de cendres, sulfure de potasse, ommade de soufre, et enfin cautérisation au moyen e l'acide nitrique, du sublimé corrosif.

SYNONIMIE : *Claveléc, claveau, clavier, clavelade: claveléc, picotte, rougeole, etc.*

Caractères. (Voir notre *Traité des vices rédhibitoires.*)

Traitement. La claveléc n'a pas de traitement spéial; il varie selon les circonstances, et doit généraement se borner à favoriser l'éruption des boutons, ne fois le troupeau atteint. A cet effet, on le garanit, autant que faire se peut, de toute variation atmoshérique, du chaud comme du froid, de la pluie et les vents, en le tenant enfermé dans une bonne ergerie, bien aérée, bien propre, bien tenue, où la itière est bonne et souvent renouvelée. Le régime oit être adoucissant ou excitant, selon que l'éruption se fait péniblement ou vite.

Le seul et unique moyen à employer contre cette grave maladie qui décime les troupeaux, c'est la *vaccination*, lorsqu'on y est à temps, c'est-à-dire lorsque la maladie, étant dans le pays, n'a pas encore atteint vos moutons.

Le farcin est une maladie très-grave, contagieuse,

attaquant le bœuf, le mulet, mais le cheval surtout, et caractérisée par des tumeurs ou des boutons particuliers, qui existent sous la peau, sont durs, indolents et pourvus d'un pédoncule ou raisin, mais qui se ramollissent, s'ouvrent, et donnent naissance à des plaies difformes ; ces boutons peuvent être isolés ; mais ils sont le plus souvent à la suite les uns des autres, comme un chapelet sur le trajet des veines. (Voir, pour plus de détails, notre *Traité des vices rédhibitoires.*)

Traitement. Le feu au moyen d'un fer chaud, est le meilleur de tous les moyens. Il doit être secondé par de petites saignées et de légères purgations.

Les plaies sont des solutions de continuité faites aux parties molles à l'aide d'objets agissant mécaniquement.

En conséquence de cette définition, les plaies sont divisées : 1° en plaies simples, de piqûre ou d'instrument tranchant : 2° contuses ou suppurantes ; 3° d'armes à feu ; 4° par arrachement, etc., etc.

Nous n'entrerons dans aucun détail touchant ces divisions ; cela nous amènerait beaucoup trop loin. Nous nous contenterons d'indiquer un traitement général, convenant, à peu de chose près, à toutes les plaies. Ainsi, à quelque cause, et de quelque nature que soit une plaie, les ablutions d'eau froide produisent d'excellents effets dès le début, soit pour arrêter l'hémorragie qui peut exister, soit pour prévenir le développement d'une inflammation secondaire, qui rolonge et ralentit considérablement la guérison. Si, près l'emploi de l'eau froide, la plaie ne s'enflamme oint, il suffit de la recouvrir d'une étoupade pour a garantir du contact de l'air; la panser régulièrement ous les un ou deux jours, selon l'abondance de la uppuration. Si au contraire, et malgré l'emploi de ce remier moyen que l'on doit prolonger un et deux ours, selon la gravité des accidents, les alentours de a plaie s'enflent, deviennent chauds, il faut avoir ecours aux lotions ou aux cataplasmes émollients, our calmer l'inflammation et provoquer la suppura-ion. Une fois cet effet obtenu, on doit, si la plaie est pâle, blafarde, l'animer au moyen de la teinture d'aloës, de l'onguent digestif, etc. Si elle est, au con-traire, noirâtre, qu'elle contienne des parties de chair mortes, gangrenées, il faut les enlever avec le bis-touri ou mieux encore les brûler, les raviver avec le fer chaud. Mais lorsque les plaies sont belles, rouges, rosées, que leur suppuration est bonne, louable, comme on dit, c'est-à-dire blanche, épaisse, crêmeuse, il suffit de les tenir propres, essuyées, recouvertes d'étoupes, pour que leur cicatrisation marche rapide-ment.

En général, les plaies n'aiment point les lavages; et, à part les circonstances sus indiquées, les on-guents et les liquides ne font que nuire à leur cicatri-sation, au lieu de l'activer.

De même que les plaies, les tumeurs sont en géné-ral accidentelles. Elles résultent de l'action de corps

§ 3.
Tumeurs
et engorgemens.

étrangers, coups, chutes, mauvais harnais, etc. Nous les diviserons en molles et dures.

Tumeurs molles. Les tumeurs molles sont chaudes, douloureuses, ou indolentes et froides. Les tumeurs plus ou moins molles, sensibles et chaudes, sont appelées phlegmons. Elles doivent être traitées par les émollients, lotions et cataplasmes ; et une fois la suppuration formée, lorsqu'elles sont mûres, comme on dit, on les ouvre **Chaudes.** avec un bistouri ou un fer chaud. Lorsque ces tumeurs sont occasionnées par le sang, qu'elles sont un peu dures, très-chaudes, on se trouve bien d'y enfoncer vingt, trente, quarante fois, selon la grosseur et l'étendue, la pointe d'une lancette ou d'un bistouri à un pouce de profondeur environ, c'est ce que l'on appelle *scarifier*, faire des mouchetures ; ce sont autant de petites saignées qui produisent les meilleurs effets. Quand ces tumeurs sont occasionnées par la pression de mauvais harnais ou qui vont mal, on les fait disparaître instantanément en les recouvrant d'un cataplasme fait avec la suie de cheminée, du bon vinaigre, et appliqué à froid.

Froides. Les tumeurs molles et froides, insensibles, doivent être également scarifiées et ouvertes, si elles contiennent des liquides, et frictionnées avec des substances excitantes, eau-de-vie, huile camphrée, ammoniaque, lotions de plantes aromatiques dans le vin, etc. Lorsque les tumeurs molles ne sont ni chaudes, ni froides, les lotions astringentes, avec l'écorce de chêne, de saule, les feuilles de noyer, de marronnier

d'Inde, l'extrait de saturne, leur conviennent parfai-
ement.

Les tumeurs réellement dures sont en général in- Tumeurs dures.
ensibles et froides. Elles dépendent des os ou des
chairs.

Celles des os, ou sur os, qu'il est aisé de reconnaître par leur situation, et en ce que la peau y est
complétement étrangère, sont efficacement traitées
par l'onguent mercuriel double en friction. C'est le
remède héroïque. Le feu est également appliqué avec
avantage, surtout sur les jointures ou articulations.

Les tumeurs dures, insensibles, dépendant des
chairs, sont généralement profondes. Le plus simple,
le plus expéditif est de les enlever avec le bistouri,
et de traiter ensuite comme une simple plaie.

On ne doit jamais ouvrir les tumeurs molles des
articulations, telles que les vessigons et les molettes,
et l'on doit être très-prudent à l'égard de celles du
ventre, parce que ce pourrait être des hernies. Les
causes, au reste, indiquent en général la nature des
tumeurs.

Les entorses ou efforts résultent du tiraillement   § 4.
des muscles et ligamens ou liens qui maintiennent les   Entorses.
os des membres attachés les uns aux autres.

Les entorses déterminent des boiteries plus ou
moins fortes, selon leur intensité. Il est le plus souvent fort difficile d'en établir le siège et de les distinguer des douleurs rhumatismales. Heureusement que
le traitement est identique.!

Ecart.

Les entorses de l'épaule ont reçu le nom d'écart; ce sont les plus faciles à reconnaître, en ce que l'animal qui en est atteint porte toujours, dans le repos, la jambe en avant, et montre, comme on dit, le chemin de Saint-Jacques.

Les autres entorses portent le nom de l'articulation qui en est le siège : ainsi, on dit entorse ou effort du boulet, de la hanche, des onglons, etc.

Ces entorses ne sont généralement déclarées que par les boiteries qu'elles occasionnent. Il s'agit donc d'abord de distinguer ces boiteries de celles occasionnées par les maladies des pieds. Cela n'est pas toujours aisé, bien s'en faut. On les distingue pourtant en ce que, dans les cas de boiteries du pied, les animaux font des difficultés pour poser cette partie sur le sol; ils tâtonnent, cherchent la position la plus favorable, tandis que dans les cas d'effort, ils posent très-facilement et franchement le pied par terre, mais font des difficultés pour s'appuyer sur les membres. En outre de cela, un animal qui boite du pied, boite plus ou moins, selon qu'il marche sur un sol dur, résistant, ou sur un sol mou, sable, poussière ou paille, tandis que, dans le cas d'entorse, la boiterie reste la même.

Traitements. — Le traitement des entorses en général consiste dans les bains d'eau froide et courante, les frictions irritantes, l'onguent vésicatoire, le feu, de grands sétons.

Nous avons souvent guéri des écarts, des efforts

hanche, à leur début, par de vigoureuses frictions
essence de térébenthine ou d'ammoniaque liquide.

Les efforts du boulet cèdent assez facilement au
u et aux bains d'eau de rivière employés au début.
s frictions irritantes d'essence de térébenthine ,
ammoniaque, onguent, vésicatoire , réussissent éga-
ment.

Les pieds des animaux sont sujets à une foule de
aladies accidentelles ou occasionnées par la ferrure.
e principe qui doit diriger dans leur traitement,
est d'aller à la source du mal en enlevant tout ce
ui peut gêner, corne ou chairs; de ne pas crain-
re de faire de trop grandes ouvertures. On pè-
he généralement par le contraire , parce que les ra-
ages ne sont pas produits par la maladie elle-même ,
aais par la suppuration qu'elle produit et qui, enfer-
née dans cette boîte de corne, qu'on appelle sabot,
lésorganise tout, si on ne lui pratique pas une issue
uffisante.

Après que la suppuration est échappée ou que la
corne est enlevée, la teinture d'aloès produit des effets excellents, ainsi que l'onguent égyptiac, pour
arir les suppurations; et la liqueur de Villate pour
es caries des os ou les fistules.

A la suite de certaines maladies, ou par l'effet des
mauvais soins et de la misère, les animaux se recouvrent de poux, qui les rongent et les dévorent.

Le meilleur moyen pour les détruire consiste à
faire macérer, pendant quarante-huit heures, du ta-

bac à fumer dans du bon vinaigre, et d'en imbiber les parties où vivent les parasites. Il faut environ cinquante centimes de tabac pour deux litres de vinaigre.

Fractures. Il est un vieux préjugé très-répandu, celui de dire et croire que les fractures des grands animaux ne guérissent point, parce que leurs os n'ont point de moëlle. Cela est une erreur. Les fractures des animaux guériraient; et pour nous, nous avons guéri un bœuf qui avait une cuisse cassée; mais si l'on tente rarement ces cures, cela tient, non pas à l'impossibilité de guérir, mais à la difficulté de tenir les os en place, bout à bout, pendant deux mois environ. Les animaux n'ont pas le bon sens de demeurer tranquilles; et si on les y force en les suspendant ou en les tenant couchés, ils se débattent davantage et dérangent tout. D'ailleurs, la suspension pendant un si long laps de temps détermine des maladies internes qui les emportent.

Cependant, nous croyons que l'on peut tenter, avec quelques chances de réussite, la cure des fractures des extrémités des jambes des petits animaux, baudets, petits chevaux ou petits mulets, au moyen d'appareils inamovibles, de bottines de substances agglutinatives résistantes, comme on fait dans l'homme.

...uelques formules simples et pratiques pour l'application des principes émis dans notre Aperçu sur les maladies des Bestiaux.

Eau blanche simple.

...enez : Eau commune
    tiède,   2 litres.
    Farine d'orge,
    de seigle ou
    son,   1 jointée.
On acidule l'eau blanche en y ...utant trente grammes de sel nitre.

...sane ou boisson adoucissante, miellée et nitrée.

Orge ou graine de
    lin,   1 poignée.
Miel,   1 cuillerée.
Sel de nitre,   1 cuillerée.
Eau,   1 litre.
Faites bouillir long-temps l'orge ...la graine de lin dans l'eau; puis, ...layez-y le miel, faites-y fondre le ...l de nitre et administrez tiède.

Breuvage excitant.

— Vin ordinaire, rou-
    ge,   1 litre.
    Miel,   2 cuillerées
Faites bouillir le tout et ajoutez-une pincée de canelle et 4 à 5 ...ous de gérofle.
Ce breuvage convient aux bœufs ...rtout dans le cas de coup d'air ...rsqu'il faut les faire suer.

...reuvage aromatique stimulant.

— Fleurs de camomille romaine ou petite.
    Centaurée .   1 poignée.
    Anis,   1 cuillerée.
    Eau,   1 litre.
Faites infuser, c'est-à-dire jetez l'anis et les fleurs dans l'eau bouillante . et retirez du feu ; puis, si vous voulez donner plus d'action au breuvage, ajoutez à froid :
    Ether,   30 grammes
Ce breuvage est excellent dans les cas de coliques venteuses et d'indigestions non inflammatoires.

Breuvage stimulant.

— Ammoniaque
    liquide,
Ether sulfori-   de chaque,
    que,   16 gram.
    Eau froide,   1 litre.
Ce breuvage est surtout employé contre le gonflement ou météorisation du ventre des bœufs, lorsqu'ils ont mangé de la luzerne ou du trèfle verts.

Breuvage purgatif.

—Follicules de séné, 30 grammes
    Aloës en poudre, 30 grammes
    Sel d'epsom (sul-
    fate de magné-
    sie)   80 grammes
    Eau,   2 litres.
Faites infuser le séné dans l'eau bouillante, ajoutez l'aloës et le

sel et administrez tiède.

—

Autre.

— Huile de ricin , 350 grammes
Tisane d'orge ,   1 litre.

—

Breuvage purgatif pour le chien.

Eau fortement sa-
    lée ,   1 verre.
Emétique , de 5 centigram-
mes à 6 décigrammes , selon la
taille de l'animal et l'effet que l'on
veut obtenir.

Ce breuvage, à la haute dose ,
fait vomir instantanément les
chiens.

Il nous a très-bien réussi dans
les cas d'empoisonnement.

—

Breuvage contre le farcin.

— Racine de jalap) de chaque,
  en poudre,   )
Aloës en poudre,) 30 gram.
Vin blanc ,   1 litre.

Faites macérer les poudres dans
le vin pendant 48 heures, et administrez à jeun pendant huit ou
dix jours consécutifs.

—

Poudre tonique fortifiante.

— Racine de gen-
  tiane, d'aunée
  ou limaille de
  fer en poudre, 30 grammes
Fèves ou autres
  grains mou-
  lus ,   1 jointée.

Donnez à jeun, tous les matins,
pendant quinze jours, aux animaux faibles, maigres, épuisés.

—

Lavement émollient.

— Feuilles ou raci-
  nes de mauve, 1 jointée.
Eau ,   2 litres.

Faites bouillir jusqu'à cuisson.
On peut remplacer les mauves par
le son de blé, le bouillon blanc ,
la graine de lin, ou mêler diversement ces substances.

Cataplasmes et lotions émol-lientes.

L'eau du lavement sert à lotionner les parties enflammées; et
les mauves, le son, la graine de
lin, le bouillon blanc cuits à faire
des cataplasmes.

Ces cataplasmes, lotions ou lavements , deviennent plus ou
moins astringens, en mêlant aux
mauves, ou en leur substituant
l'écorce de chêne , la feuille de
noyer , de marronnier d'Inde.

Ils deviennent excitants en faisant bouillir dans l'eau des plantes aromatiques, lavande ou aspic,
menthe, sauge. On substitue même, quelquefois, le vin à l'eau
pour donner plus d'activité aux lotions existantes; elles conviennent
contre les engorgements froids.

—

Lotion astringente.

— Eau froide ,   1 verre.
Extrait de saturne, quelques
  gouttes.

Il faut en mettre jusqu'à ce que
l'eau devient blanche comme du
lait. Cette lotion est avantageusement employée pour laver et ra-
fraîchir les alentours des plaies.

—

Liniment irritant.

— Huile camphrée, 125 grammes
Ammoniaque li-
  quide ,   (de chaque,
Essence de téré- (20 gram.
  benthine ,

Dans les cas de pa-
ralysie on y ajoute
teinture de cantha-
rides ,   10 gram.

Ce liniment est efficacement
employé contre les entorses , les
tumeurs et les engorgements
froids , indolens.

—

Liniment résolutif.

— Huile volatile de
  lavande , 30 grammes.

Huile de laurier. 30 gramm.
Camphre. 10 gramm.
Faites selon l'art.

Ce liniment est employé pour faire fondre ce qui reste des tumeurs molles, froides ou chaudes, après que le sang ou le pus sont évacués.

Liniment contre la gale.

— Huile de lin , 500 grammes
Soufre sublimé, 100 grammes
Poudre d'euphorbe , 50 grammes
Poudre de cantharide , 20 grammes
Mêlez les poudres et le soufre dans l'huile à froid , et frictionnez les parties malades.

Pommade siccative.

— Onguent de peuplier, 60 gramm.
Extrait de saturne (sous acétate de plomb liquide), 10 gramm.
Mêlez bien exactement à froid.
Cette pommade est calmante. Elle convient pour calmer les plaies et les faire sécher , surtout les écorchures du paturon faites avec la longe.

Les doses de toutes ces formules sont des doses moyennes. Elles conviennent pour le cheval de taille ordinaire. Il faut les augmenter d'un tiers pour les bœufs de haute taille , et les diminuer des trois-quarts ponr les petits animaux , chiens, moutons , etc.

PETITE PHARMACIE DU PROPRIÉTAIRE.

Un propriétaire soigneux et jaloux de la tenue de son bétail, devrait toujours avoir chez lui, enfermée dans une petite armoire ou autre meuble convenable, la série des substances suivantes :

Substances émollientes.

— Orge , 5 litres.
Graine de lin , 2 litres.
Miel , 2 kilog.

Substances rafraîchissantes.

— Bon vinaigre , 2 litres.

Substances excitantes.

— Essence de térébenthine , 500 grammes
Ammoniaque liquide, 250 grammes
Ether sulfurique , 250 grammes
Huile camphrée 250 grammes
Fleur de camomille romaine , 200 grammes
Baies de geniè-

vre, 1 petit sac.
Tiges fleuries de
menthe, sau-
ge , lavande
ou aspic con-
venablement
desséchées , 1 paquet.

Substances toniques, fortifiantes.
— Racines de gen-
tiane en pou-
dre, 500 grammes
Petite centaurée
sèche , 1 petit paq.

Substances purgatives.
— Sulfate de soude,
ou de magné-
sie, 1000 grammes
Huile de ricin , 500 grammes
Aloës en pou-
dre , 100 grammes
Follicules de sé-
né , 100 grammes

Substances diurétiques.
— Nitrate de po-
tasse (sel de
nitre , 1000 grammes

Substances narcotiques , cal-
mantes.
— Teinture d'o-
pium, 30 grammes
Feuilles de bel-
ladone, 100 grammes
Tiges de laitue
romaine, 1 paquet.
Têtes de pavot , 8 à 10

Substances caustiques.
— Sulfate de cuivre
(vitriol bleu), 100 grammes
Cantharides en
poudre, 60 grammes

Substances vermifuges.
— Racine de grena-
dier en pou-
dre, 100 grammes
Huile de cade, 250 grammes

Onguens.
— Basilicum , 60 grammes
Populéum, 60 grammes
Egyptiac, 60 grammes
Vésicatoire, 100 grammes
Teinture d'aloës, 100 grammes

Toutes ces substances doivent être conservées dans des flacons et des pots bien fermés et tenus dans un lieu sec.

FIN DE LA DEUXIÈME PARTIE.

TABLE DES MATIÈRES

CONTENUES DANS LA DEUXIÈME PARTIE.

...truction sur la production et le perfectionnement des animaux domestiques.

CHAP. 1er. — *Généralités.*

1er.   Principes généraux de perfectionnement.   1
    Avantages du perfectionnement.   3
2.   Encouragements.   8
    Primes et Courses.   9
    Élévation du prix des Chevaux de guerre.   16
    Tableau du prix actuel, de la taille et des rations de ces chevaux.   18

CHAP. II. — *Des Espèces et des Races naturelles en général.*

    Espèces, Races, Mulets.   19
    Influence sur les Espèces et les Races. — De la domesticité — des climats et des lieux — de la nourriture et du sang.   21

CHAP. III. — *Méthodes de perfectionnement.*

    Croisement — consanguinité — appareillement.   28

CHAP. IV. — *Des Reproducteurs.*

1er.   Choix des Reproducteurs. Leurs qualités en général.   35
    Vices constitutionnels — hérédité de ces vices.   36
    Choix de Reproducteurs. Quant à la taille — à la race — à l'âge — au sexe.   37
2.   Influence des Reproducteurs. — Influence du mâle — de la femelle.   43
    Travail des Reproducteurs.   44

Chap. V. *Des Produits.*

§ 1er. De l'accouplement — en liberté — en main — mixte.   47

Rut ou chaleur. — Signes de la chaleur. — Moyens d'exciter la chaleur.   50

Époques favorables à l'accouplement. Nombre de saillies que les mâles peuvent faire par jour. — Conception.   53

§ 2. Gestation. Signes de la gestation. Tableau de la durée de la gestation. Soins à donner pendant la gestation.   57

§ 3. Parturition ou mise bas. Part naturel ou normal. Part anormal. Avortement.   60

Délivrance. Multiparité. Superfétation. Monstres.   64

Soins à la mère et au petit, après le part.   65

§ 4. Allaitement et sevrage.   68

Durée de l'allaitement. Sevrage.   68

Engraissement des Veaux, sans lait.   71

Soins des mères et des petits après le sevrage.   72

§ 5. Soins et éducation des animaux, depuis le sevrage jusqu'à l'âge adulte.

Régime des produits — nourriture des produits. Éducation. Castration.   74

PRINCIPES D'HYGIÈNE VÉTÉRINAIRE.

Chap. Ier. — *Airs et Lieux.*

§ 1er. Air ou atmosphère. Son influence.   81

Chaleur, froid, humidité, humidité chaude, humidité froide. Sécheresse. Brusques variations de l'air. Lumière. Électricité.   82

Pesanteur de l'air. Pression atmosphérique. Climats. Saisons.   89

§ 2. Altération de l'atmosphère.   91

Effluves — miasmes — virus. Contagion. Exemples de contagion. . . . 92

§ 3. Lieux. . . . 96

Des Étables en général. Emplacement — sol — orientement — ouvertures. . . . 97

Principes de construction. . . . 99

Écuries — Bouveries — Bergeries — Chèvreries — Porcheries — Chenils. . . . 100

Division des Étables. Loges stalles, attache des animaux. . . . 110

Désinfection des Étables. Aération. Fumigations. Lavages. . . . 112

CHAP. II. — *Aliments et Boissons.*

§ 1er. Aliments. Des foins en général. Foins proprement dits. Caractères du bon foin. . . . 115

Foins artificiels ou de prairie temporaire. Établissement des prairies naturelles et artificielles. . . . 119

Fauchage. Fenaison. Conservation des foins. . . . 123

Stratification, salaison des fourrages. Altération des foins. . . . 126

Des pailles. Caractère des bonnes pailles. Altération des pailles. . . . 130

Gerbées, bâles, cosses de grains, feuilles. . . . 132

Graines et grains. Caractères des bons. — Avoine, orge, seigle, maïs, froment, sarrasin, fèves, pois, gesses, lentilles, vesces, fenugrec, son. . . . 135

Fruits, châtaignes et marrons d'Inde, glands, pommes, poires. . . . 140

Racines et tubercules. Betteraves, carottes, pommes de terre, topinambours. . . . 140

Résidus de fabriques. Tourteaux, nougats, marc de raisin. . . . 142

Substances animales. Viande. . . . 143

Condiments. Sel, Tableau des doses. Distribution du sel. 144

Préparation des aliments. Hachage, mouture, cuisson. Fermentation. Méthodes et avantages. 147

Mélange des aliments. Buvées, lavailles, provendes. Tableau comparatif de la valeur nutritive des aliments. 151

§ 2. Distribution des aliments. 155

Repas, rations — pour le Cheval, le bœuf, les Chèvres, Moutons et Porcs. Bottelage. 156

Pâturages. Avantages et inconvénients. Vert. Plantes usitées pour le vert. Nécessité de varier la nourriture. 165

§ 3. Boissons. Eau. Caractères de la bonne eau. Purification des eaux. 172

Distribution des boissons. 175

Tableau pour connaître les poids des Bœufs gras vivants. 179

Tableau des substances alimentaires les plus propres à déterminer un prompt engraissement. 180

Chap. III. — *Soins extérieurs.*

§ 1er. Pansage, instruments, bains, onctions, tondage. 181

§ 2. Harnachement. Licou, bride, filet, bridon, caveçon, martingale. 187

Harnais de travail. Selle, sellette mantelet. Bât.

Bât, avaloire, collier, bricole. 194

Harnais du bœuf, joug, collier. Avantages du collier. 196

Couvertures et caparaçons. 198

Chap. IV. — *Du Travail et de l'Exercice.*

Effets du travail. Durée. Soins pendant et après
le travail. Repos. Mauvais traitements. 202

POLICE SANITAIRE.

Chap. Ier. — *Législation.*

Arrêts du Conseil d'État du Roi des 10 avril 1714
et 16 juillet 1784. 209
Articles du décret de l'Assemblée constituante
du 6 octobre 1791. 217
Articles du Code pénal. 218

Chap. II. — *Application.*

§ Ier. Devoirs des propriétaires. 221
§ 2. Devoirs des maires. 223

APERÇU SUR LES MALADIES DES BESTIAUX.

Chap. Ier. — *Maladies internes.*

§ Ier. Maladies inflammatoires.
Maladies de la tête. — Vertige, catarrhe nasal,
Angine, maladie des chiens, morve, aphthes,
ophthalmies. 232
Maladies de la poitrine. — Catarrhe de poitrine,
Fluxion de poitrine.
Maladies du ventre.
Maladies rapides. — Coliques sanguines, ven-
teuses, d'indigestion, stercorales, d'urine,
nerveuses. 241
Maladies lentes. — Indigestion, grand feu, Diar-
rhée, Dyssenterie, Inflammation de la rate,

des reins, de la vessie, calculs. 247
§ 2. Maladies froides ou chroniques.
Pourriture des moutons. 254
§ 3. Maladies nerveuses.
Tétanos. Rage. Danse de Saint-Guy, paralysie. 256

Chap. II. — *Maladies externes.*

Arrêts de transpiration. 260
§ 1er. Éruptions. — Échauboulée, Gale, Dartres,
Clavelée, Farcin. 261
§ 2. Plaies. 264
§ 3. Tumeurs et Engorgements.
Tumeurs molles, chaudes, froides. — Tumeurs
dures. 267
§ 4. Entorses et Écarts. 268
Maladies des pieds, Fractures, Poux. 270
Formules et Pharmacie. 271

FIN DE LA TABLE.